JN202200

中村桂子コレクション
いのち愛づる生命誌

I

生命科学から生命誌へ

ひらく

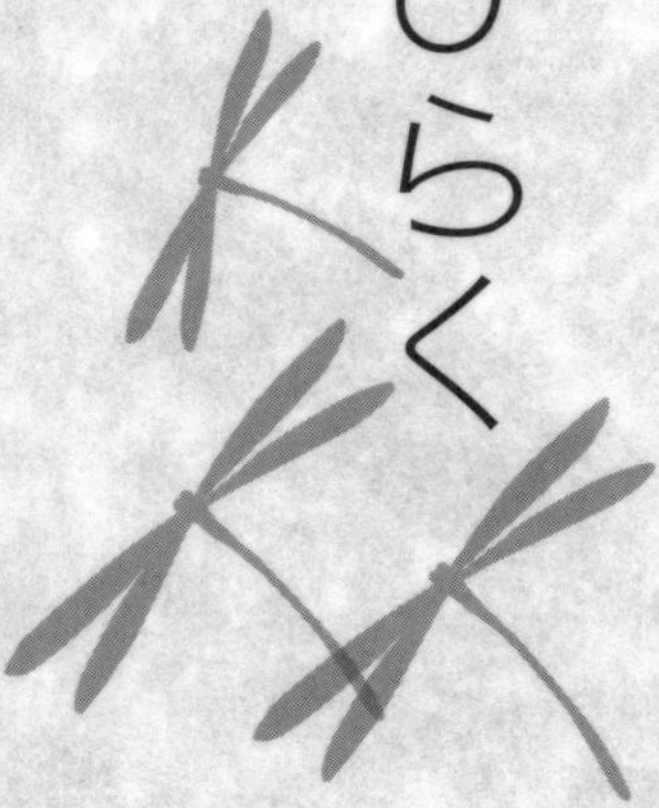

藤原書店

三菱化成生命科学研究所で人間・自然研究部長をつとめていた頃
（1980 年代）

1971年、三菱化成生命科学研究所にて。著者の向かって右隣は米本昌平さん

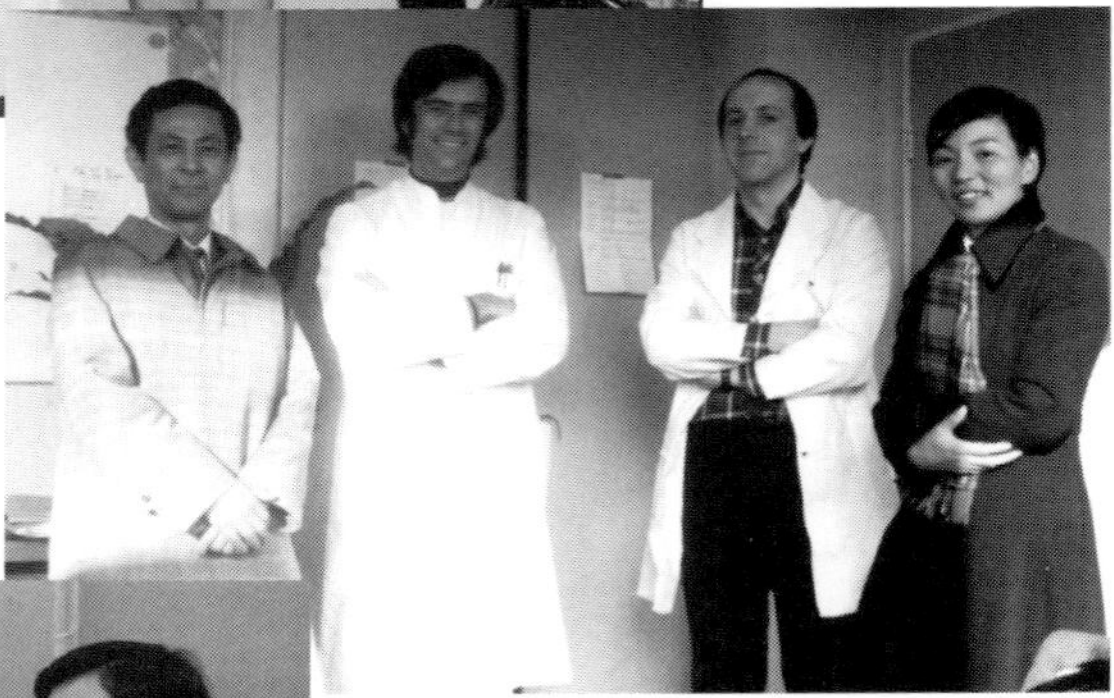

1975年頃、ヨーロッパに組換えDNAの視察に出かける。向かって左端は飯野徹雄東大教授

1986年頃、現在の天皇陛下と、水問題について語り合う

1982年7月、外務省派遣使節としてクアラルンプールのマラヤ大学を訪れる。右から2人目に公文俊平東大教授、3人目は牛尾治朗・ウシオ電機社長

（肩書はすべて当時）

はじめに

明けても暮れても「生命誌」という毎日を送っている自分をふしぎに思うことがあるこのごろです。この巻は、今では私の日常そのものになっている「生命誌」が生まれるときを扱っています。

ずば抜けて優れた特定の才能をもっているわけではないけれど、周囲の人がやったり考えたりしていることにはいつも興味があり、教えてもらうのは得意でした。幸いなことにいつもよい先生に恵まれ、文学もスポーツも音楽も……といろいろなことを楽しみながらの学校生活の最後のコースで出会ったのが、DNAであり、そこから分子生物学へ、生命科学へという道を歩いたのには、たくさんの偶然があったように思います。

幸いDNAが生命現象を支える基本物質であるととらえる学問が急速に、しかもおもしろく展開するなかで、すばらしい先生や先輩、仲間に恵まれ、教えてもらうのは得意という性質を生かして日々を楽しんでいました。

ところが、四〇代半ばになるころから、生命科学のありようへの疑問がわいてきました。生きている、暮らしていくという生きものの日常を大切にする気持ちと生命の理解を目的とする生命科学とがつながっていないことが気になりはじめたのです。研究者仲間ではそんな話題はまったく出てきません。だれも悩んでいるようには見えません。専門家は科学と日常がつながらないことなど気にしてはいけないのかもしれない。あれこれ思いをめぐらせましたが、日常に眼を向けたいという気持ちは減るどころか、どんどん大きくなっていきました。

そこで、生まれて初めて教えられ上手を離れて独自に考え、自分だけのものをつくろうと決心したのです。もっとも根っからの教えられ上手がなくなるはずはなく、いろいろな方にたくさんのことを教えていただきながらですけれど。

自分のものをつくろうなどといっても簡単にできるはずはありません。ぼんやりとしたイメージをもちはじめてからはっきりと考えがまとまるまでには一〇年近くかかりました。まず生命科学の現状に疑問があるとしても、科学を否定はしないと決めました。当時、組換えDNA技術、臓器移植、体外受精など、新しい技術が生命操作につながることを恐れての科学批判がありました。もちろんそれらの技術の用い方には気をつけなければならないけれど、生きているとはどういうことだろうという問いに向きあう科学を否定してはいけないだろう。私はそう考えました。

次に、人間は生きものであり、自然の一部であるという事実を忘れないことです。現代科学技術は利便性を求めた結果、自然離れにつながりました。自然を征服し、自由に操作することで暮らしやすい日常をつくりだそうとしています。人間は自然の一部であるという事実から離れたところでは本当の暮らしやすさは得られず、自然を生かす技術を工夫する必要があります。それを支える科学が必要です。

「科学」は今、科学技術に吸収され、経済効果だけが求められるようになってきています。とくに生命科学でそれが目立ちます。しばらく前までは生物学は役に立つ学問とはされていませんでした。けれどもＤＮＡ研究が進み、そこから技術が生まれると、新しい芽生えであるだけに期待も大きく、時代の流れに乗って科学技術として評価される研究――主として医学に近い研究が主流になりました。科学技術となると、特許を求めての競争、経済効果での評価が優先します。生きているってどういうことだろうと問うたり、生きものを見ているとおもしろいと感じたりする喜びからは遠くなっていきました。

科学技術に吸収されない新しい知として考えだしたのが「生命誌」です。五〇代も半ば近くになって、やっと自分で考え、自分でつくりだしたものを世に問うことができました（ここでも大勢の方たちに教えていただいてのことですが）。

その経緯をまとめたのが「生命誌の扉をひらく」です。「ひらく」という言葉にはまず専門家の中に閉じこめられていた科学をもっと日常的なものとして、すべての人に向けて「開く」という思いを込めました。もう一つは、これまでなかった形の知をつくりだすという「拓く」です。たとえば科学について考えるときは、「科学と社会」という言い方をしますが、科学は社会の中にあるものと考えなければなりません。「Science and Society」ではなく「Science in Society」です。ここで頭に浮んだのが音楽でした。

今、私たちの日常にある音楽には科学と同じように明治維新の後に西洋から入ってきたものがたくさんありますが、わざわざ「音楽と社会」などといわずとも、日常に入りこんでいます。つまり、文化として社会の中に存在しているのです。「科学も文化のはずだ」、そう強く思ったことを思い出します。科学というと、普及・啓蒙・教育となり、受け手は勉強になります。音楽は、だれもがそれぞれの好みで楽しみます。コンサートホールへオーケストラ演奏を聴きにいくことを楽しみにしている人もあれば、ロックが大好きとか、カラオケで歌うのが楽しいとか……とにかく音楽は「開いて」います。「音楽を文化にしよう」などとかけ声をかける人はいません。

どこが違うのだろうと考えて気づいたことが二つありました。一つは「演奏」です。私はベートーヴェンが大好きです。子どものころには「交響曲第六番　田園」を聞いて小川が流れる自然の中を歩いている気分になりました。ピアノを習い始めてから聴いた「ピアノ協奏曲　皇帝」に、ピアノという楽器のもつ表現力のすばらしさを感じて、豊かな気持ちになったのを覚えています。ベートーヴェンの音楽は楽譜が書かれたときにできあがっていますが、それでは、しろうとの私には音楽が存在したことになりません。ベルリン・フィルハーモニーやバックハウスが楽譜に書かれた音を自分のものとして表現してくれて初めて、音楽になるのです。すばらしい演奏、つまり表現があってこそ、専門家以外も参加し、広く楽しめる文化になるわけです。

科学には音楽における演奏、つまり表現がありません。専門家は「論文」によって仕事を仕上げます。これは楽譜であって専門家以外には読めませんから、心をこめた良質の表現をして初めて社会に存在することになると考えなければいけません。科学も普及や啓蒙ではなく、良質の表現をしなければならないことに気づき、生命誌は研究所でなく研究館（リサーチホール）で行なうことが不可欠だと思いました。科学のコンサートホールです。それをせずに「科学は文化だ」といっていても無意味です。

もう一つの気づきは、科学者のありようです。科学者と肩書きがつくだけで、なにか特別の存在のように思われ、科学者自身もそのように思っている節があります。文化は、日常とつながっただれもが楽しめるものであり、特別な人だけのものは文化にはなりません。「生命科学」から「生命誌」への移行は、表現や日常の組み込みです。

こうして、「生命誌」という知、それを具体化する場である「研究館」を初めて世に問うたのが『生命誌の扉をひらく――科学に拠って科学を超える』であり、刊行は一九九〇年、今から三〇年前のことです。その前年に「生命誌研究館」を提唱した研究報告を専門外の方にも読んでいただけるようにしようと哲学書房の中野幹隆さんが勧めて下さったことを今なつかしく思い出しています。今ではゲノムという言葉は雑誌や新聞でも使われるようになりましたし、昨今、研究者の中から科学を文化にするというかけ声がようやく聞かれるようになりました。でも三〇年前は、生命科学の研究者の中でも私の考えをわかって下さる方は少数でした。もっとも、その少数の方たちの応援があってこそ、生命誌研究館を実現できたのです。生まれて初めて自分で考えたのも事実ですが、一人ではなにもできなかったことも事実です。

実際に「生命誌研究館」の活動を始めたのが一九九三年、五七歳のときです。ほとんどの組織が六〇歳で定年、なかには五五歳のところもあった時代ですから、友人達はそろそろ仕事に結末をつけることを考えていました。なんとも奥手な人生だと自分でもおかしくなりますが、それからの二五年は思いきり仕事ができた幸せな時間でした。残念なことに中野幹隆さんががんで亡くなり『生命誌の扉をひらく』も絶版になっていましたので、このような形で原点となった文を読んでいただけるのはとてもありがたいことです。

「生命科学から生命誌へ」は、主として「生命誌研究館」が動きはじめてしばらくしての一九九八年から二〇〇二年の間に書いた短文を、本書の編集に関わって下さった方々が集めて下さいました。「科学」から「誌」への転換には、学問と日常のつながり、一つのものさしですべてを測る科学にとらわれないこと、科学を支えている機械論的世界観を脱却するなど、価値観に始まり日常にいたるまで変わらなければならないことがたくさんあります。現実には科学が科学技術に吸収されている状況の変化や機械論から生命論への転換はそれほど容易に起きるものではないという実感を書いたものが集められています。

このときから二〇年ほどの間に研究は進展しましたので、データなどに少しずれがありますが、全体として考えていたことを伝えたいと思い、そのままにしました。基本は今も変わっていませんので。
生きているとはどういうことかを素直に考える知をつくりたいという気持ちがわかっていただけたらありがたく思います。

二〇一九年五月

中村桂子

中村桂子コレクション　いのち愛《め》づる生命誌　1

ひらく　生命科学から生命誌へ

もくじ

Ⅱ 生命誌の扉をひらく

中村桂子コレクション　いのち愛《め》づる生命誌　1

ひらく　生命科学から生命誌へ

凡例

一　本コレクションは、中村桂子の全著作から精選し、テーマごとにまとめたものである。収録にあたり、著者自身が註の追加を含め、大幅に加筆修正を行なっている。

一　註は、該当する語の右横に＊で示し、稿末においた。

一　「Ⅱ」では、右横に記した記号（†）は、部末の「参考文献」を参照することを示す。

編集協力＝甲野郁代
柏原怜子
柏原瑞可
製作担当＝山﨑優子
装　丁＝作間順子

Ⅰ　生命科学から生命誌へ

1　ゲノムとは何か――生命の謎に挑む

ゲノムとは何か。このことから話を始める。

私たちは人間である。人間というグループに属する。もっと大きくいうと生物、すなわち生きものというグループに属する。地球上に生きものがある以上、当然、生きものでないものがある。これを無生物という。

生物か無生物か、これをみわけるのは簡単で、子どもでも直観的にそれができる。けれども、この違いをきちんと説明するとなると、たいへんむずかしい。大昔の人は、生物をつくっているものと無生物をつくっているものとは、素材が違うと思っていた。しかし、これがそうではないことがわかってきた。

昔は、石をつくっている素材と生きものをつくっている素材とはまったく違うと考えられていた。この考えがこのごろは通用しなくなった。分析していくと、どちらも素材としては決して特別なものではないことがわかってきた。

では、生きものの特徴とはなんだろう、ということになるのだが、現時点ではっきりしていることは、一〇〇%ではないけれど、生きものは生きものからしか生まれない、いわゆる自然発生はしない、ということである。

ところで、ウジがわく、ボウフラがわくという言葉がある。ウジやボウフラは、生まれるとはいわないのはなぜか。

今日では、ハエが卵を産み、蚊が卵を産み、そこからウジやボウフラが生まれるとわかっているのだが、どちらも顕微鏡がないとその卵は見えない。昔は顕微鏡などなかったので、なにも見えないところからウジやボウフラは出てくるように見え、それを〝わく〟と考えた。つまり、小さな生きものは自然発生すると思っていたのである。

この自然発生説を否定したのが、パスツールである。フラスコに肉汁を入れて沸騰させると、中に生物はいないはずなのに、やがて腐ってきて、中になにか生きものが生まれてくる。これを当時の人びとは自然発生だと思っていた。パスツールはこの実験をここに描いた図のようなガラス器で行なった（図1―1）。すると、いくら時間がたっても、一度沸騰した肉汁からはなにも生まれなかったのである。実は空気中には微生物がたくさんいて、口が上に向かって開いた容器だと、微生物が落ちこんで増える。つまり、これは自然発生などではないのだ。パスツールの容器では落ちてきた微生物はフラスコの首の途中にたまり肉汁には入らない。

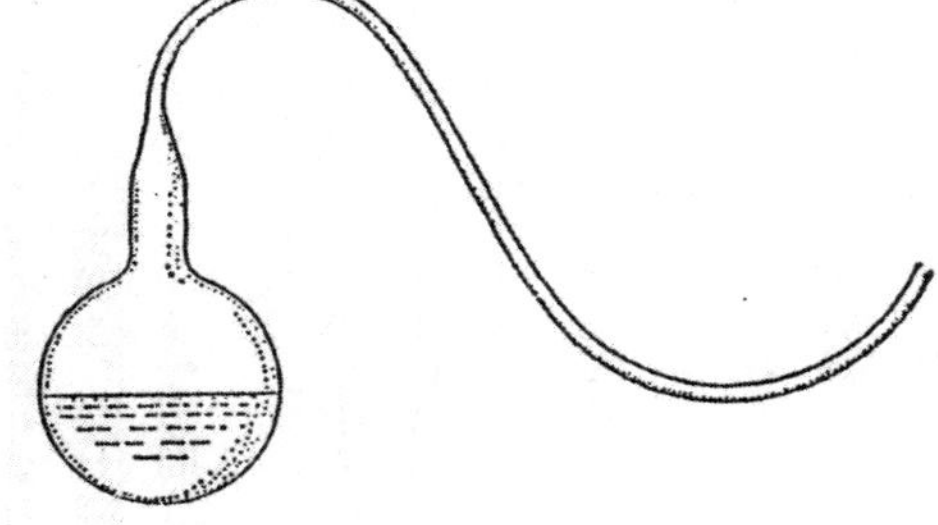

図1-1　パスツールのフラスコ

人間の誕生は受精卵から始まる。これは非常に小さく一〇〇分の一ミリしかない。卵は、一個の細胞であり、人間はみな、この一個の細胞から始まる。

一個の細胞はまず二個に分裂し、ついで四個、八個、一六個と増えていき、さらに増えながら心臓の細胞、肝細胞、皮膚細胞、神経細胞などとさまざまな役割をもつ細胞に分化していく。こうして体ができるのである。誕生後も細胞は増えつづけて、一人前の大人になるころには三七兆個もの細胞になる。逆に考えると、私たち人間の多様な細胞も、元に戻すとたった一個の細胞だということになり、その細胞の中にはたくさんの機能をもつ可能性が入っていることになる。脳の細胞は考えるときに活動しなければならないし、肝臓の細胞はお酒が入ってきたときにアルコールを分解する。

細胞の一番大事な部分は核であり、核の中にはＤＮＡがある。どの生きものの細胞にも必ずＤＮＡが入っている。核内のＤＮＡは長いひも状の物質であり、それが遺伝子の役割をしてさまざまな性質を決めていく。

母親が排卵した卵の中にはＤＮＡがある。このＤＮＡは母親のＤＮＡだから当然、母親の性質を決めるＤＮＡである。子どもは母親の卵だけでは生まれない。受精が行なわれる。精子もまた細胞だが、これは母親の卵よりはるかに小さい。この小さい細胞に父親のＤＮＡが入っている。精子の核と卵子の核とが一緒になって一つの核となる。受精卵の核である。この核には父親のＤＮＡと母親のＤＮＡが半分ずつ入っている。ここで初めて、今まで存在しなかった新しいＤＮＡができる。生まれてくる子どものＤＮＡである。

ここでゲノムという言葉が出てくる。一つの細胞の中に入っているＤＮＡ全部のことをゲノムという。ゲノムという言葉を使うなら、母親のゲノムと父親のゲノムのうちの半分ずつをもらって生まれてくる子どものゲノムになるということだ。したがってゲノムには「私のゲノム」という言い方ができる。どの人もそれぞれ違ったゲノムをもっているのだ。イヌも同様で、それぞれのイヌがそれぞれのゲノムをもっている。つまり、みんなＤＮＡという物質なのだけれど、その組み合わせの違いによって個体ごとに違ったゲノムをもつことになる。

受精卵の細胞は、まず二つ、ついで四つにわかれ、八つになり、一六になりして人間の場合は、母親の胎内で三兆個ぐらいに増える。ここで赤ちゃん誕生となる。このとき赤ちゃんの体をつくる細胞がもっているゲノムはどの細胞でも同じである。一人の人の体をつくっている細胞は、すべて同じゲノムをもっているわけだ。

一体、脳になったり、足の裏の皮膚になったりするのがいつどこで決まるのか。四個のとき、八個のときはどの細胞も同じだ。一六個のときもそうだということが、牛の場合に確かめられている。畜産業ではクローン牛がしばしば話題になるが、一六個になったときに細胞一つひとつを分けて別のメス牛の子宮に入れて育てることで優秀な牛をたくさん育てているのである。

一六個ぐらいまでは同じでも、その後は、それぞれの細胞の性質が少しずつ変わっていく。そして次第に、脳は脳、皮膚は皮膚、内臓は内臓というようにそれぞれの性質が決まっていくのである。

ＤＮＡは一本のひもの形をしている。このひもはネックレスのように鎖になっていて、鎖の環にあたるところに四種類の物質が並んでいる。A（アデニン）T（チミン）G（グアニン）C（シトシン）という物質である。これが人間だと、一本に三〇億も並んでいる。A、T、G、Cが三〇億も並んだ全体がゲノムである。どういうふうに並んでいるかによってゲノムのはたらきが決まり、細胞の性質が決まる。

外から糖分をとり入れると、そこからエネルギーをつくるため糖分解酵素がはたらく。脳の中でなにかを考える必要があるときは、それに応えるよう脳内物質がはたらく。このようなはたらきをもつDNAを遺伝子という。三〇億も並んだ人間のゲノムの中には遺伝子が二万個ほどあるとされている。

生きていくためにはエネルギーが必要だから、どの細胞でも糖分解酵素ははたらいていないと困る。けれども、脳でなにかを考えるときにはたらく物質は、脳細胞の中にあって初めて意味がある。これが皮膚細胞の中ではたらいても役に立たない。役に立たないどころか逆に邪魔になる。

そこで脳細胞では脳のはたらきに必要な遺伝子だけがはたらくようになる。皮膚では皮膚に必要な遺伝子がはたらいて、その他のはたらきは抑えられる。こうしてだんだんと細胞の役割が決まってくる。このしくみは絶妙としかいいようがないくらいうまくできている。ここまでは今日のゲノム研究で解けてきたが、全体としてのはたらきはまだ解けておらず、これが現在の研究テーマである。

DNAをたどると人間はだれもが父親と母親に戻ることができる。父親も母親も、それぞれその父親と母親に戻ることができる。こうして先祖をたどっていくと、人類の祖先に戻るのである。

人類の歴史はいつ始まったか。現代人の祖先は二〇万年ぐらい前に生まれたとされる。二本足で立ったいわゆるヒト、つまり原人は五〇〇万年ぐらい前に生まれている。

では原人はどこで他の生きものと分かれたのか。生きものの中で最後まで原人の仲間だったのは類人猿であり、ゲノムの解析から、なかでもチンパンジーが一番近いことがわかった。その祖先をさらにさかのぼっていくと、たどりつく先は生命の起源ということになる。

地球上の生きものは例外なくDNAをゲノムとしてもっている。大腸菌も人間もそうなので、生きものはみな同じ祖先から出たと考えられる。

人間のDNAの中には糖分をエネルギーに換える糖分解酵素の遺伝子がある。大腸菌のDNAを分析すると、やはりその中にも同じ遺伝子がある。両者の遺伝子はまったく同じものである。同じことは他の生きものについてもいえる。生きものはみんな、糖分をエネルギーに換える同じ酵素をもっているのだ。

生命体がこの地球上に生まれたのは、三八億年ほど前とされる。今の私たちの体をつくる物質は、そのころからずっと続いて存在するのである。したがって人間のゲノムを調べると、人間がどのようにして人間になってきたかがわかるし、チンパンジーのゲノムを調べれば、チンパンジーがどのようにしてチンパンジーになったかがわかる。これはすべての動物、植物、昆虫、細菌についても同様である。

つまり、生きもののゲノムの中には、それぞれの生きものの歴史が記されているので、これを読み解くことで、それぞれの生きものがどのようにしてその生きものになってきたかを知ると同時に、生きもの同士がお互いにどのような関係にあるのかも知ることができる。

たとえば人間とキノコを並べて、両者はどこが似ているか、どんな関係があるか、と問われても答えるのは難しい。しかし、人間のゲノムとキノコのゲノムを並べてみると、似ている点、似ていない点がはっきりわかってくる。両者の生きものとしての関係が見えるのである。

ゲノムを分析してその生きものが地球上でどのように生きつづけてきたかを調べる。これが生命誌研究の基本である。生命誌は生命の歴史物語を指すのである。

今日、私たちは地球環境問題をきびしく問われている。地球環境の未来はどうなるか。これを考えるとき、私たちは地球の過去にさかのぼって、そこに生きつづけた生きものの歴史、つまり生命誌を考える必要があるのではないか。自然との共生とひとくちにいうが、私たち人間は、地球上の他の生きものたちとどういう仲間関係にあるのだろうか。それを知ることから地球の環境問題への取り組みは始まる。生命誌研究は時代の要請だと考える。

この講座のテーマは生命科学だが、あえて生命誌にしぼって話を進めた理由はそこにある。高槻市に生命誌研究館ができて四年以上になる（一九九八年現在）。大阪を含めて関西には、生命現象のナゾに迫る分子生物学や遺伝学などの基礎科学、あるいはその応用としての生命工学などの分野で世界的にすぐれた研究機関がいくつもある。未来に向けて脚光を浴びている生命科学の研究開発の中枢拠点がここに集まっているといってもいい。そこに生命誌研究館が加わった。しかもそれは、従来の生命科学研究とは違った、生命誌という新しい考え方に基づいた研究の場である。

ここで生命誌研究館のことを少し紹介しておく。研究館という言葉からして耳慣れないだろうが、これは既存の大学や研究所などとは違う。リサーチホールである。ひとことでいえば、研究施設、実験設備のあるサロンである。生命誌は開かれた場で行なわれる必要がある。

生命科学から生命誌への移行には、従来の要素への分析ですべてを知ろうとする科学のあり方に対して、総体を総体として知ろうという考え方への変化がある。具体的には、個別遺伝子の研究にとどまらず、ゲノムを知ろうという総合的視点の提案である。

分科を進めた科学が失ったものを取り戻そうと考え、実験研究の場所を館、すなわちホールとし、総合的な広がりをもった場での活動をイメージしている。音楽でいうコンサートホールである。

西洋音楽は明治の初めに西洋から日本へ入ってきたという点で科学とよく似ている。西洋音楽は私たちの生活にすっかり定着していて、ピアノやバイオリンの演奏は決して特別な人びとのものではない。音楽会も始終開かれており、プロの音楽家の演奏を一般の人が聴いて楽しんでいる。プロの音楽家はいつもアマチュアのお客を相手に自分の演奏を提供している。

ところが、科学の場合は違う。科学研究の成果は学会で発表されたり論文に書かれたりするが、これは科学者仲間に向けて出されるもので、第一線の科学は専門外の人にはわからないと考えられている。コンサートホールでは、ときにはアマチュアのオーケストラが演奏を楽しむこともできるが、科学の場合はそれがない。つまり科学の分野では、通常プロとアマが関わりあうことはないのである。

文化という視点でこれをみると、音楽は社会に根づいており、みごとに文化として育っているが、科学は文化になりえていないことになる。科学技術としては社会性をもっているが、文化としての社会性をもっていない。一つには、科学があまりにも専門化しすぎて、専門外の人には難しいという先入観ができてしまい、関心をもたない人が増えたからと考えられる。科学を文化として社会の中にあるようにしたいと考え、実験設備のあるサロンとしての生命誌研究館を構想した。

具体的には、生きものの歴史物語、すなわち生命誌を解読するために、卵から成体のできる様子（個体発生）や地球上の生物が多様化した様子（進化）を実験室で研究し、そこで明らかになった事実を美しく表現して展示する。また、新しい文明観すなわち自然観や人間観を話しあう。そこには人文系の学者や芸術家、企業人、あるいは政治家なども参加するようにしたい。

ここは生きものを科学する場、生きもののふしぎを知りたいという知的欲求を満たす実験の場であり、さまざまな人が参加する場である。たとえば一個の細胞である受精卵からアオムシが生まれ、それが美しいチョウに変わっていくふしぎを知る研究はこのような場にふさわしい。そして、ここでは、従来の科学がときに陥りやすい、分析的に調べることだけに目を向ける弊害は避け、自然の中で生きているチョウを知ろうとする気持ちを忘れないようにしなければならない。ここで専門外の人とのつながりが生まれるのだから。

生命科学から生命誌へ。科学を文化として研究する。これが二一世紀に向かう時代の流れだろう。

2 「生きている」とはどういうことか——生命科学から生命誌へ

私たちが、二一世紀を生き、さらに次の世紀へと続いていくためには、二〇世紀型の生き方を見直さなければなりません。それは、二〇世紀を支えた〝効率〟に価値をおき、その実現のために量と均一性を求めた科学技術を見直し、その後にくるものを探ることです。それには、自然・生命・人間を理解し、そこから新しい価値を探さなければなりません。幸い、生物研究は進展し、そのための素材を提供できるようになっています。しかしここで、科学そのものが二〇世紀型の価値と結びついているという事実に気づきます。科学自体も転換しなければならない。ここに最も重要な鍵があると私は考えています。

生きているとはどういうことかという基本の問いにどう答えるか。二一世紀へ向けての科学技術論はここから始め、常にここに基礎をおきながら新しい技術やシステムを開発することが求められています。

生きているってどういうこと

夏の日射しを浴びて次々と花をつけるマリーゴールド。どこでどうご機嫌を損ねたのかわからないがいっこうに咲かないセントポーリア。どこから上がってきたのだろう、台所の床をウロチョロしているアリ。先刻から吠えているお隣のワン公。

ふと周囲に注意を向けただけで、こんな生きものたちに気づきます。身の回りにあるといっても椅子や机やコップとはちょっと違うなにかがある。私たちをなにか惹きつけるものをもっているのが生きものです。

生きているってどういうこと。

これは、自分自身も生きものである人間が問わずにはいられない問いです。それへの答えを求めて、哲学・文学・芸術などさまざまな人間活動が生まれました。そのなかで科学は、生きものを徹底的に分析し、それを構成する部品の構造と機能を調べることで生命現象の本質に迫ろうとしました。分析・還元・メカニズムの解明、あたかも対象を機械とみなすような方法が科学の特徴です。

もう一つ、科学の特徴は普遍性の探求です。多様で複雑な自然界に、普遍性のある法則を探し、できることならすべてを統一的に理解したいという願いをもっています。幸い、生物についても、一九世紀に入って普遍性を示す発見があり、生物の科学は急速に進展しました。

第一は細胞の発見。あらゆる生物は細胞でできており、それが構造と機能両方の単位になっていることがわかりました。生物の場合、構造と機能の単位である細胞が増殖したり死んだりと、それ自身が変化するところが機械とはまったく違っており、そこから生きものらしさが生まれるのです。細胞の魅力です。その後、メンデルの遺伝の法則、ダーウィンの進化論と、生物に見られる普遍性を示す事実や考えが次々に登場しました。さらに、酵素の発見により、生命現象は化学反応であり、あらゆる生物は共通の化学反応で支えられていることがわかってきました。

こうして二〇世紀は、生きものの中に普遍性を探求する世紀として始まります。それを象徴するのが一九〇〇年の「メンデルの法則の再発見」でしょう。メンデルがエンドウを用いて法則の発見を報告したのは一八六五年でしたが、そのときは認められなかったのです（発見は早すぎてもいけないようです)。こうして、細胞、遺伝、生体物質という三つのことがらがみごとに結びついた成果として登場したのが一九五三年のDNAの二重らせん構造の発見といえます。これは、二〇世紀最大の成果といわれていますが、正当な評価でしょう。科学の特徴は、普遍性をめざして分析により構造と機能を解明することだといいましたが、DNAはそれのみごとな具現化です。地球上のあらゆる生物が遺伝子としてこの物質を用いているというだけでなく、そのはたらき方もすべて共通だとわかったのですから、生物研究の中心がDNA研究になっていったのは当然です。

ここでひとこと、進化論に触れておきます。一九世紀の普遍性への道としてあげた四つのことがらのうち、三つは確実にDNAへとつながっていったのですが、進化論は直接の関係をもちませんでした(最近になって急速にDNA分析を基本にした進化の研究が進んでおり、生命誌はまさにそれを生かして生きものの歴史を見ていくので、そのあたりは後に触れます)。一方、科学という専門分野の外、つまり社会では、最も関心をもたれ、また実際に社会に影響を与えたのは、進化論といってよいでしょう。専門分野として実質的な力をもつことと社会からの関心とはずれていることがよくあるという典型例です。このずれは、科学技術論、科学と社会の問題として重要なことなので後でまた取りあげます。

ライフサイエンス（生命科学）の誕生

DNAの二重らせん構造の発見以来、生命現象は、この物質の三つのはたらきを基本に解明されてきました。一つは複製であり、第二は転写（RNA＝リボ核酸の合成）と翻訳（タンパク質の合成）、第三は変化です。複製、つまり自分と同じ物をつくることにより、性質を確実に伝えていくのが、遺伝子として不可欠の性質であることはいうまでもありません。しかし、遺伝子は遺伝だけを担当しているわけではありません。一つの個体が一生の間その個体としてはたらけるような性質をつくりだすのもその役目です。また変化して新しい機能、ときには新しい生物を産みだすことも引き受けています。

生きものの基本のすべてを一つの分子が引き受けているのですから、たいしたものです。

生物学は、本来、生物の多様性に目を向けてきました。身の回りを見れば、さまざまな生きものがいるのですから、一つひとつに興味をもち、自分の好きなものを調べようとするのは当然です。鳥が好き、サカナが好き、いやもっと特定してダンゴムシが好きという人が、それぞれの研究をしているのが自然の姿です。けれども〝科学〟としてみた場合、それでは力が弱い。

スズメはスズメ、ダンゴムシはダンゴムシであり、それぞれのことがわかっても、ああそうかいおもしろいね、で終わってしまいます。それが、DNAを基本に全生物に共通な現象を扱えるようになったのですから、学問としての性格が変わりました。そこで、個々の生物でなく生命現象の理解を目的とする「生命科学」が誕生しました。一九七〇年ごろのことです。アメリカでのライフサイエンス、日本での生命科学の誕生の経緯は少し違いますし、そこには七〇年代という時代を反映したさまざまな思いが入っているのですが、ここでは詳細は省きます（参考文献1参照）。生命科学の特徴を簡単にまとめると次のようになります。

（1）生命という共通概念を追う科学

二〇世紀になって、あらゆる生物に共通する生命という概念で生きものをみようという考え方を強力に出したのは、実は生物学ではなく物理学でした（前述したように、多様性への関心が身に染みついているのが生物学ですから）。

一九三〇年代、量子論や熱力学など新しい視点で物質界をミクロからマクロまで見渡すことに成功した物理学にとって、唯一残った未知の世界が「生命」でした。著名な物理学者N・ボーアが「光と生命」、E・シュレーディンガーが「生命とは何か」というテーマで、生命を論じています。物理学は、普遍、論理を強く志向する科学であり、しかもモデル化という方法をとるという特徴があります。そこで物理学者は、生物研究のなかにモデル生物として大腸菌を用い生命現象の基本を知るという考え方をもちこみました。生命科学は、思想的、方法論的に物理学の影響が大きい分野です。これは物質と生命とをつないでいこうとする作業でありながら、それと同時に果たしてそこは完全に連続しているのだろうかという本質的問いを出すことになりました。

ここに、生命とはなんぞやという問いと生命の起源という具体的テーマが登場します。

(2) 学問の総合化

多様な生物を対象とする生物学は、動物学、植物学、微生物学など細分化の方向にありましたが、それに対してDNAを基本にした生命現象の理解という総合化の方向を出したのが生命科学です。したがって、生命科学は生物を縦割りにみるのではなく、横断的にながめ階層性（五五ページ参照）に注目します。DNAを中心とする分子の研究、細胞の研究、個体の発生や個体と深いかかわりをもつ免疫、脳などの研究、個体の集合である社会、生態系の研究という具合です。

(3) ヒトという生物から人間へ

生命科学が生物学と違うところの一つは、生物の中にヒトを含み、したがって人間も対象にすることです。DNA研究は、ヒトは決して特殊な存在ではないことを示しました。従来は人間は特別だとして、生物研究と人間研究は区別してきましたが、現在ではDNAを通じてこれが一体化しています。アメリカでのライフサイエンスという言葉は、このような事情を背景に生物学と医学を合体させた分野として使われはじめたのです。

(4) 科学技術との関連

生物研究は長い間、実用性とはほど遠いものとされてきました。もちろん、農学での品種改良などはあるにしても、汎用的な科学技術とは無関係というのが生物学の姿だったわけです。ところが、生命科学では、DNAや細胞を対象に後に紹介する組換えDNA技術、クローン技術など、ある程度汎用性のある技術が生まれ、バイオテクノロジーという分野を産みだしました。好奇心を満足させる科学研究にとどまらず科学技術として活用できることは、研究の社会的な影響など社会的評価が重要になることを意味します。

（5） 思想や価値にかかわる

アメリカでは生物学と医学の総合としてライフサイエンスという言葉が使われはじめましたが、日本での生命科学誕生のきっかけの一つは、一九七〇年代の科学技術批判でした。当時は公害という言葉が使われましたが、大量生産・大量消費の陰で環境破壊や健康障害が起きている事実が顕在化してきたのです。そこで、産業を支える科学技術が悪者にされました。しかし、人間は技術なしでは生きていけませんし、科学の知識の技術への活用は重要です。何がいけないのか。

生化学者江上不二夫博士（一九一〇―一九八二年）は、環境や健康への配慮をするには、まず生物の本質を知らなければならない、それを基本に人間の生き方を考える必要があると考えました。生命科学を支える重要な理念です。生きものをよく知ったうえで、そのなかに含まれた知恵に学び、大量生産・大量消費に追われるのではない新しい価値観をもつ社会をつくろう。それを支える技術を開発しよう。これが生命科学の目的です。

ＤＮＡ研究の展開

簡単にまとめてきたように、生物学の流れ、物理学など科学全体の流れ、それだけでなく時代の流れの中で誕生したのが生命科学です。このような新しい理念、新しい性格をもつ学問を着実に進展させていくことができるかどうか。これは、科学という分野にとって非常に重要なことでした。ところで、このような認識は、必ずしも当時、多くの科学者の中にあったとはいえません。ただし、少なくとも一九七〇年代初めに「生命科学研究所」を開設した江上不二夫博士は、それを明確に意識し、この分野の確立をめざしました。

科学者といえば、特定のテーマでの研究だけしているというイメージがありますが、そうではありません。自分の研究の社会の中での位置づけや意味を知ることを大切にしているのがよい研究者です。学問全体、社会や時代まで考える必要があるということは、最近少しずつ認識されてきましたが、まだまだ認識不足の人も少なくありません。私はたまたま江上門下であり、生命科学を強く意識して仕事をする環境に入ることができたことを幸せだったと思っています。科学も人間の活動であり、どのような人と一緒に仕事ができるかということが重要です。

明確な理念と広い視野の重要性を指摘してきましたが、それだけではお題目になってしまいます。科学としては、具体的方法が不可欠であり、生命科学の場合、DNA研究の方法でそれを考えることができます。

皮肉なことに、一九七〇年代初め、社会がDNA研究に関心を抱きはじめたころ、研究は行き詰まっていたのでした。一九五三年の二重らせん構造の発見、大腸菌をモデル生物としたDNAの複製や遺伝暗号の解明、メッセンジャーRNAの合成（転写）やタンパク質合成（翻訳）のメカニズムの解明などが一段落し、基本はすべてわかったという達成感をもったのが一九六〇年代でした。「大腸菌のことがわかればゾウもわかる」。当時の研究者の気持ちを表す言葉としてよく引用されます。

しかしこれは、大腸菌をモデル生物とした研究の行き詰まりを示している言葉でもあります。大腸菌にはなくてゾウにはあることがたくさんあると、子どもでもわかります。たとえば、受精卵から個体をつくる発生、脳の機能……ちょっと考えても次々出てきます。それはDNAのはたらきとどのような関係があるのか、その問いへの答えをどうしたらよいのかだれもわかっていなかったのです。

もちろん多くの試みはなされていました。ひとことでいえば、ゾウについて知るための（これはたまたまゾウといわれただけで、最終的に知りたいのは人間であるのはもちろんです）モデル生物の探求です。簡単な多細胞生物として線虫、遺伝学で使われてきたので変異株のたくさんあるショウジョウバエ、実験動物としてよく使われているマウスなどが候補となり、研究が始まりました。なかには、まず真核細胞の単細胞から始めようと酵母を取りあげたり、脳細胞を培養し培養細胞をモデルにしようと考えた研究者もいます。どれにもそれなりの理由がありますが、どれも決定打にはならず、模索が続きました。そして研究の大きな流れは、思いがけないところから生まれたのです。組換えＤＮＡ技術の開発です。

（1）　組換えＤＮＡ技術

生命科学を進めるには、新しい研究の展開が必要なのに、人間をめざしたよいモデル系は見つからないという行き詰まり状態をガラリと変えたのが組換えＤＮＡ技術です。これで俄然、研究者は活気づきました。科学にとって具体的方法がいかに大切なものであるかを示した例です。

ここでは組換えＤＮＡ技術の詳細は述べません（参考文献2参照）。ただ、この技術の基本を考えたＰ・バーグの発想のみごとさだけを指摘しておきます。

大腸菌をモデルとしての研究で活躍していたものがありました。ファージ（大腸菌に感染するウイルス）です。ウイルスは、細胞に感染します。つまり細胞間を移動し、そのときに一つの細胞内のDNAを別の細胞に移します。これを利用してDNAの研究ができたのです。ですから、複雑な多細胞生物を研究するには、それに感染するウイルスを用いてDNAを移せばよいのではないか。これがバーグの着想です。みんなが大腸菌に代わるものを探していたときに、ファージに代わるものを考えた。こういうところに、研究者としてのセンスがあり、よい研究とはこのようなセンスに支えられているものなのです。

ここからある生物のDNAを大腸菌の中に移して増やし、DNAの性質を調べるという組換えDNA技術が生まれ、多細胞生物のDNAの研究が急速に展開しました。この技術を使えば、調べる生物は、自分の好きなものを選べます。それでもやはり多くの研究者が、酵母、線虫、ショウジョウバエ、マウスなどを選んで研究を続けました。モデル生物という感覚が定着しているからです。ここで、特筆すべきは、ヒトの研究でしょう。ヒトは、モデル生物にはなりません。しかし、DNAを取りだして調べるのならヒトのDNAも研究できます。モデルなどといわずに、最も知りたいヒトを直接調べようとなるのは当然です。とくに病気の研究などはこれで非常に研究しやすくなりました。もっとも、自由に異種のDNA（遺伝子）を入れた生物の安全性が問題になったのは当然ですが、研究者たちが会議を開いて議論をし、安全を保ちながらの研究法を考えたことも重要な一幕です。

（2） 具体的研究例

組換えＤＮＡ技術を利用して進んだ研究はたくさんありますが、なかでも免疫とがんの研究はみごとに展開しました。これはとくに、医療と直接結びつくものであり、基礎研究と同時に応用の意味も大きい。生命科学研究の典型例です。

（a） 免疫研究

ここは、研究の詳細を述べる場ではないので、それは生物学の教科書に譲ることにしますが、免疫の研究の中では、人間が一生の間に出会う異物に対処する巧みなＤＮＡの戦略が明らかになりました。私たちは生まれてから死ぬまで、どこへ行くか、なにを食べるかなど決まっているわけではありませんから、細菌やウイルスなど、どんな異物に出会うか予測できません。一生の間に体内に侵入する異物は一〇〇万種以上とされていますから、それだけのものに対処する能力をそなえていなければならない、つまりそれらに対する抗体をつくらなければなりません。

ここで疑問がわきます。ヒトの遺伝子の数は、三万にもならないのに、どうやって一〇〇万種以上の抗体がつくれるのか。そこで、免疫能を獲得していく過程のリンパ球細胞のDNAを調べたところ、抗体生成に関与する数種の遺伝子が組み合わせによって多様性を出すことがわかりました。一つの個体に含まれる細胞のもつDNA（ゲノム）は一生変わらない――なんとなくそう考えられていた〝常識〟がくつがえされました。免疫細胞という特定の細胞でのことという限定つきではあっても、ゲノム内でDNAの組換えが起きていることが明らかになったのです。

免疫の研究は、単に予防医学の課題にとどまらず、細胞の分化、さらには自己と他との認識など、生物学の基本課題として多くの研究者の興味をひきました。それにしても、いつ出会うかわからない異物に対する抗体生成用の細胞を常に用意しておくとは……。侵入者があったときにそれに合う細胞を生成したほうがはるかに無駄がなかろうにと思います。ここでも〝常識〟はくつがえされたわけです。たいへんな無駄をしている。裏を返せば、一見無駄と見えるこの方法こそ、自己を維持し、長い間生命を継続させる秘訣だということなのでしょう。私たちは、しばしば、生物はよくできているといいますが、この場合の〝よく〟は、決して無駄のない、効率のよいメカニズムをさすものではないということであり、現代技術と対比させるとき、この意味は大きいと思います。

（b）　がん研究

免疫と並んで研究が進んだのが「がん」です。この病気は、日本でも現在死因の第一位、先進国ではほとんどの国がそうなっています。一九七〇年代、アメリカは、国の政策としてがん研究に重点を置くことを決めました。六〇年代のアポロ計画は、目標である「人類の月着陸」をみごとに達成し、科学技術の夢を国民に実感させました。しかし同時に、日常生活に無関係なところで巨額な資金が使われたことへの疑問も生じました。アポロ計画を掲げたケネディ大統領の暗殺もあり、次の大統領ニクソンは一転、地上の病気に焦点をあてたのです。それが「がん撲滅」です。

実はこのほうが月着陸よりは難しく、いまだに成功していません。というより、本質的に撲滅はないのかもしれないということがわかりつつあるのが現状です。私たちが生きている過程にがん化という現象が含まれているといえます。日常的なテーマほど科学にとって難しい。そうもいえそうです。

それはともかく、がん研究への重点化とＤＮＡの操作や分析が可能になったときとが合致したこともあり、がん遺伝子の探求が始まりました。一九八一年、がん細胞から取りだした

ＤＮＡを細胞内に入れるとがん化する、つまり「がん遺伝子」が存在することが実証されたときは、多くの研究者が興奮しました。がんの原因がわかった。しかもＤＮＡが手に入ったのだから、その機能が解ければがんの治療も手の内だと多くの人が考えたのです。しかし、現実はそう甘くはありませんでした。がん遺伝子について調べれば調べるほど面倒なことがわかってきたのです。生命現象を知るという意味では興味深いことがわかってきたともいえます。

まず、がん遺伝子は一つではない。この意味するところは二つあります。一つは、大腸がん、乳がん、肺がんとさまざまながんから取りだした遺伝子がそれぞれ構造と機能が違っていたことです。もう一つは、細胞が正常な状態からがんへと移行する過程が何段階もあって、それぞれに異なる遺伝子がかかわっていることです。いずれにしてもがん化は、複数の遺伝子が一つのシステムとしてはたらいて起こることなのです。

では、がん化にかかわる遺伝子の機能はなにか。最も明快な例は、細胞増殖調節因子の受容体形成です。正常細胞は、この受容体が適切にはたらくので、増殖がコントロールされます。増えすぎもせず、不足もせずという時点で増殖が止まる。これで一つの個体がつつがなく生きていけます。ところが、受容体が異常になって、調節因子をきちんと受けとめて細胞内に増殖停止の信号を送れないようになる、こうしてがん化するのです。

がん遺伝子が細胞増殖にかかわっているとわかってみれば、さもありなんです。しかし、これは簡単にがん遺伝子を排除できないことを示しています。細胞増殖は、生きていることを支える基本ですから。ここで、生命現象を理解するには、一つひとつの遺伝子のはたらきを解いていくというよりは、遺伝子系が全体としてどうはたらくか、遺伝子同士がどのように関係しあうかという見方が必要だということがわかってきました。あたりまえといえばあたりまえです。生きていることを知ろうとしたら全体を知らなければならないということは、直観でだれにもわかることです。しかし、科学の方法論は、論理、分析、還元を金科玉条としてきましたから、とにかく遺伝子一つひとつに還元してみようという道をとったわけで、これもまた当然です。

ここで、大事なことに気づきます。分析という方法で着実に理解を進めてきた科学が、全体を知ろうというところにきたことです。「生きものは全体を見ることが大事だ」と口でいうことは容易ですが、では全体をどのように見ていくのかとなると方法が見つからないのが実情です。そこで、とにかく分析でわかるところまで追いつめてみよう。これが科学研究者の本音なのですが、幸い、DNA研究の場合、それをとことんつきつめたら全体へとつながることがわかってきました。

（3）　ゲノムという切り口の登場

遺伝子を単位にして徹底分析を進めるという方法を手にして約一〇年後の一九八五年に、がん研究を進めてきたアメリカのR・ダルベッコは、遺伝子系としていっそ一つの個体をつくりあげるのに必要な遺伝子のすべてを研究対象にしようと説きました。一つの細胞核の中にあるDNA、つまりゲノムを解析しようという提案です。ゲノムを知らなければがんはわからないということです。ここで直接目標とするのは当然ヒトゲノム（人間の細胞核にある全DNAで、日常活動の基本を支えるはたらきをする）になります。

ヒトゲノムは約三〇億個のヌクレオチドからなります。そんな大量のヌクレオチドが果たして分析できるのだろうか、とんでもなく巨額の資金が必要なのではないか。当初の反応は懐疑的なもののほうが多かったように思います。技術や資金の問題だけでなく、研究者を大量の分析にかり立てて単なる技術者にしてしまう危険も指摘されました。ゲノムは個人の性質を決める基本情報ですから、それを知ることは倫理的問題をひき起こすという疑念も出されました。詳細は『ゲノムを読む』（参考文献3参照）としてまとめましたのでそれを読んでいただきたいのですが、さまざまな議論を経て、ヒトゲノム解析計画は、今あげたような問題点を少しずつ解決しながら、国際競争と協力のもとで順調に進んでいます。ヌクレオチド配列の解析は、二〇〇五年から二〇一〇年の間には終わるだろうといわれています。*

＊実際には二〇〇三年に一応の解析ができました。しかし、すべてのゲノムの正確な解析は今も難しいのです。

解析の途中で、当然、がんにとどまらず、さまざまな病因遺伝子が発見されるなどの成果もあがり、また生物学の中で、プロジェクトというかたちで研究を進める方法が生まれるなど、ゲノム研究は科学の一つの転換点を生じつつあります。しかし、もっと明確な転換を意識しなければならない。私はそう考え、以下のような方法を探りはじめました。

ゲノムを単位とする――生命誌

DNA研究を進めるうちにおのずと登場したゲノムは、研究者の中では遺伝子の集まり、もう少し進めて遺伝子系ととらえられています。ゲノムという全体を見ようとする点で、科学に変化をもたらしはしましたが、単位はやはり遺伝子です。その中で私は、遺伝子でなくゲノムを単位として生きものをとらえ、研究を進めることによって、科学がはっきりと変わることに気づきました。

科学は、着実な展開をしている魅力的な分野ですが、ある種の限界と問題点をもっていることも事実です。その一つに、この方法をつきつめていったとき、私たちが生きものについて日常抱いている気持ちを納得させるような「生きものの理解」になるのだろうかという疑問があります。いや、逆に日常感覚を逆撫でするようなことになる危険性をもっているとさえ感じます。生命倫理という言葉がその危惧を表しています。研究者としての生きものへの関心と日常生活者としてのそれとがずれるとしたら、「知」として歪んでいるのではないか。実はこれが生命科学に対して私が抱いてきた疑問です。それだからといって生命科学を否定するつもりはまったくありません。そこでなにか新しい道を求めていたところ、ここに解決の糸口が出てきました。

まず知りたいのは、生きもののこと、より具体的にいうなら身の回りにいるアリやイヌのことです。そしてとくに知りたいのはヒト、さらには人間のことです。それらはみんな、それぞれに特有のゲノムをもっています。自然界でのＤＮＡは、常にゲノムというかたちで存在するのです。遺伝子が単独でその辺に転がっていることはありません。遺伝子は実験室の試験管の中では重要な単位ですが、自然界ではゲノムを構成する部分なのです。これは、私たちが日常は個体を単位に生きものを見ているということと重なります。

では、ゲノムとはどのようなものか。

具体的に、あなたのゲノムを考えてみて下さい。あなたを構成する細胞のすべてに同一のゲノムが入っているのですが、そのもとはあなたの出発点である受精卵の中に存在したゲノムです。それは、両親から受けとったもの、つまり、個体の継続を具体化しているのがゲノムです。こうしてゲノムをたどっていけばあなたの祖先、ついには人類の祖先に戻ります。もちろんこのさかのぼりはそこにとどまりません。DNAという生物すべてに共通な物質でたどっているのですから、さらにさかのぼり、最後は生命の起源にたどりつきます。

これを逆にみれば、あなたのゲノムの中には、生命の起源から現在にいたるまでの歴史が入っているということです。もう少し広げていうなら、ヒトはどのようにしてヒトになってきたのかという歴史が入っているのです。もちろん、アリはどのようにしてアリになり、イヌはどのようにしてイヌになったのかもゲノムが語ります。さらに興味深いことには、ヒトとアリの関係もわかる。つまりゲノムは、地球上の生きものの歴史と関係を語ってくれるのです。

四〇億年近くかけてできあがった生きものの世界を語る歴史物語、それを「生命誌（Biohistory）」と名づけました。

遺伝子を単位として研究する科学は、生物体を部品に分けてその構造と機能を知ることを目的とします。もちろん、そこから得られる情報は重要ですし、現在の研究がそうなっているように、個別の遺伝子の構造と機能だけではわからないことが出てくれば、遺伝子系というかたちで複雑な系をみていくようになります。そこで結局同じなのではないかともいわれますが、やはりここは、ゲノムを遺伝子の集まりとしてだけみるのではなく、それを単位とすることによる、科学から誌への転換の重要性を強調したいと思います。

ここで、ゲノムに注目することの利点、科学から誌へと転換することによって生まれる学問としての広がりをみていきます。

（1）階層性

まず、生物にみられる階層性について考えます。生物を構成する単位は細胞です。ゲノムは細胞を存在させるＤＮＡの総体であり、ゲノムを単位にするということは、細胞を単位とするということと合致します。しかしここで、ゲノムに注目するとおもしろいのです。まず、あなたのゲノム、私のゲノムといえるように、これは個体特有の面をもっています。一方、ヒトゲノム、大腸菌ゲノムという言葉があるように、ゲノムは「種」を代表するものでもあります。

細胞、個体、種という、生物を考えるうえで重要な概念（実体でもある）がゲノムを通してつながる――階層性を意識するなら〝串ざしにできる〟という表現が合っていると思うのですが――ところが大事なのです。しかもゲノムはDNAという分子として、隅から隅まで分析可能であり、遺伝子として、また遺伝子以外の部分（イントロン、スペーサーなど）として機能をみることも可能です。分子の分析によって、細胞、個体、種へとつながる情報が得られるのです。つまり、ゲノムを見れば、分子から種にいたる階層全体を統一的に見渡せるのですから、生物を知るにあたってこれほど有効な方法はないと断言してよいでしょう（誤解を避けるためにいっておきますが、これはゲノムだけを研究すればよいということではありません。行動学や生態学などのマクロな視点からのアプローチなどさまざまな学問は必要ですが、それらも最終的にはゲノムと結びついていくでしょう）。

従来の生物研究では、どの階層に注目するかによって方法論が異なり、したがって視点が異なるために、相互に話し合いができない――ときには反発しあうという難点がありました。生命誌は、それを解消し、あらゆる階層での研究をつないでいきます。

（2）　普遍性と多様性

次に普遍と多様に目を向けます。生物を見たときにだれもが気づくのはその多様性であり、同時に〝生きている〟という共通性です。研究の場合も、普遍性に注目する方法と多様性に注目する方法があり、これまたそれぞれの道を歩いてきました。しかし、改めていうまでもなく、ゲノムという切り口を使えば、普遍と多様を結びつけることができます。ヒトとチンパンジーは、それぞれのゲノムの構成をみれば、かなりの部分が共通です。しかし、ヒトはヒトでありチンパンジーはチンパンジーであるのは事実で、それもゲノムが示してくれるはずです。

普遍であり多様、多様であり普遍という生物の特徴を解く鍵はゲノムにありなのです。

（3）時間

ついで時間に注目します。科学は、分析によって構造と機能を調べます。それの難点は、還元論（研究者のすべてが還元論者とは思いませんが）であることだとよくいわれます。それも確かにありますが、それ以上に問題なのは「時間」が扱いにくいことではないか、私はそう思っています。

生きものの特徴は時間をもっていることなのに、時間が扱いにくいのでは困ります。ところでゲノムは、前述したように歴史を内包しています。そこで、この歴史をひもとけば、時間が読みとれるはずです。具体的には二種類の時間、個体発生と進化の過程が解明できるはずです。

発生においては、受精卵のゲノムの系統的なはたらきによって細胞分化が起き、各細胞の中でそれぞれに合ったゲノムが発現するにいたる過程を追うことになります（実際には、本来全能性、つまり個体のすべてに相当する情報を発信する能力をもっているはずのゲノムが、分化後には脳では脳、胃では胃のはたらきしかしないようにするための調節・抑制です）。生物体がゲノムを読み解いていくのを追跡するわけです。

一方、進化では、現存生物のゲノムを解析し比較することによって、四〇億年近い生きものの歴史を追うことになります。つまり人間の手を用いたゲノムの解読による追跡です。進化といえばダーウィン、そこではたらくのは自然選択であり、適者生存といわれます。できあがった個体と環境との関係ではそのとおりです。しかし、生命誌はゲノムを追跡するので、まずＤＮＡそのものに起きた変化（ここでは生存に有利か不利かに関係なく偶然の変化が起きるので、つまり、中立説があてはまる）、その変化がゲノム全体の中で検討され個体をつくりあげる過程（これが発生で実は最も重要なのだが、進化の中ではあまり語られない）をも含めて、生物たちがどのようにして現在の姿になってきたかをみることになります。そこから、それぞれのレベルでどのような力が作用してきたか、生き残りの基本原理があるとすればそれは何かなどを探り、物語を書いていくのです。

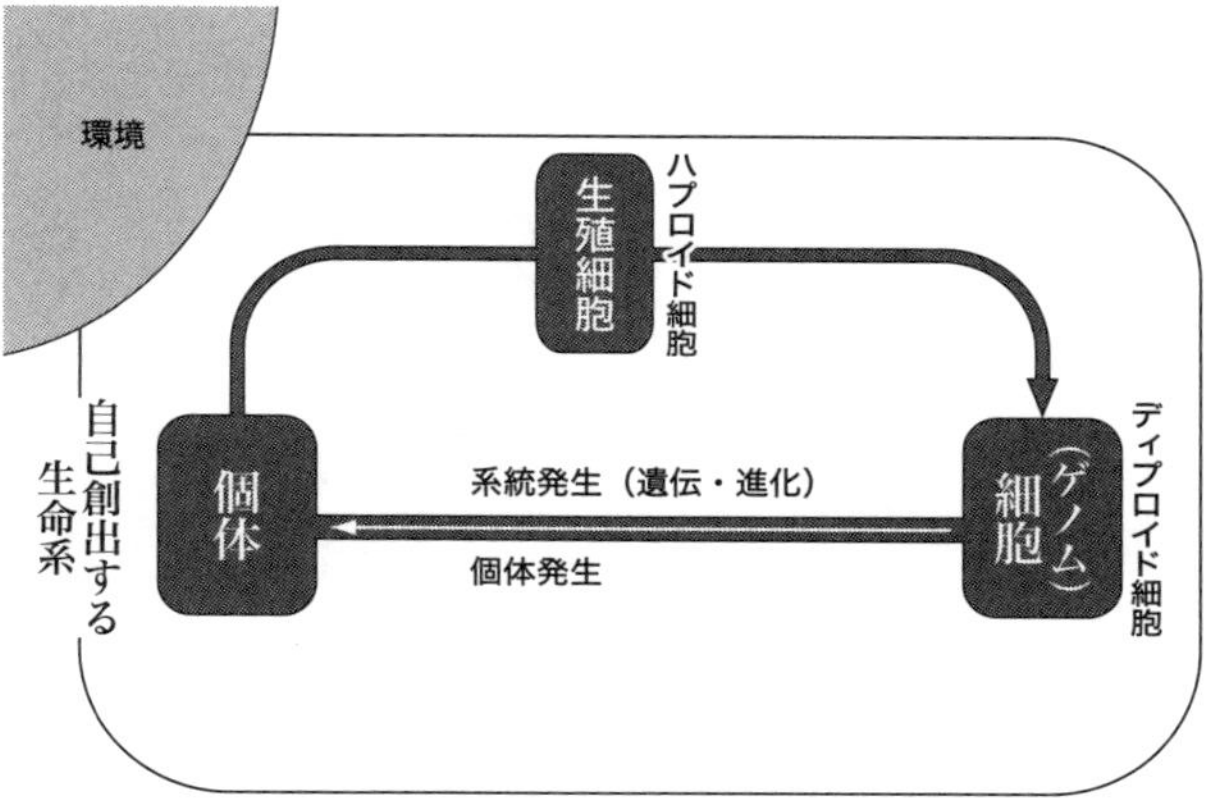

常に唯一無二のものを産みだす

受精により新しいゲノム、つまり新しい個体が登場。これは、これまで存在したことのないものであり、この個体は自己の一生を過ごすと同時に、生殖細胞からまた新しい個体を創出する。こうして常に新しい個体を産みながら続いていくうちに DNA の変化により進化も起き、新しい種も生まれていく。
この図は、生命の姿の基本をまとめたものです。

図 2-1　自己創出する生命系

個体を対象にしたダーウィンの進化論と遺伝子で考える中立説をあたかも対立するものであるかのごとくにみて（レベルが違うのであり、ともに的を射ている）論争をし、ときにダーウィンを超えたなどという進化論に関する主張は建設的ではありません。すべてのレベルに目配りした歴史物語の記述とそこに存在する構造や規則の発見が重要なのです。

もう一つ大事なことをあげておきます。生物学的にみたときの生物の単位は細胞ですが、日常生活では個体が単位としてみえているということです。私たちにとって最も大切なのはやはり自分であり、それが他とは異なる独自性と一生を通しての同一性とをもっているという保証が必要です。人間だけでなく有性生殖によって生じた個体は、唯一無二のゲノムをもって生まれ、それを一生もち続けます。人間の独自性と同一性はゲノムだけで語れるものではありませんが、最低限このレベルでの独自性・同一性は保証されていることは重要です（図2－1）。

さらなる広がり——学問と日常

生命誌によってみえてくる生きものの姿とその中の人間は、新しい生命観を与えてくれます。これを、他の学問、たとえば哲学、倫理学、社会学、教育学など生命や人間について考える学問が素材として取り入れて下さることを願っています。私は個人的には、ゲノム内にある、ある種の構造、別の言葉を使えばゲノムがはたらくときの文法は、私たちの言葉の文法に関連があるのではないかということに興味をもっています。このような作業は、新しい社会づくりに不可欠なことだと思います。

また、生命誌は、個体を見る、総合的見方をする、時間を取り入れるなどなど、科学の視点が日常感覚とずれていた部分を回復していきます。学問と日常とのずれは現代社会の大きな問題点です。学問をそのような姿にしておいて、科学と社会の間に存在するきしみを正そうとするのは誤りで、科学を日常の中にあるようにするのが答えです。それには、科学が転換する必要があります。幸い生命科学は生命誌というかたちで、スムーズに転換できるところにきているといってよいと考えます。

念のために付け加えます。生命の解明のために科学的手法が有効であることは間違いありません。科学から誌への移行は、科学を否定するものではありません。ただ細分化した学問分野としての科学そのものが存在することが目的ではなく、生命・自然・人間をよく知るためにどうしたらよいかという立場で科学的思考や手法を用いていくことが必要だと考えれば、科学を尊重しながら科学を超えていくことができるのです。

大きなテーマを短い文の中に押しこめましたので、充分語れていないところがたくさんありますが、これは入り口です。本書の見返しに生命誌を表現した絵（生命誌絵巻）がありますので、眺めながら、これからの生命研究について考えて下さい。

参考文献

（1）中村桂子『生命科学』講談社学術文庫、一九九六年。
（2）松原謙一・中村桂子『生命のストラテジー』ハヤカワ文庫、一九九六年。
（3）松原謙一・中村桂子『ゲノムを読む』紀伊國屋書店、一九九六年。

全体をもう少し深く知るためには以下の私の本を読んでいただければ幸いです。

『自己創出する生命――普遍と個の物語』哲学書房、一九九三年。
『生命誌の扉をひらく』哲学書房、一九九〇年（本書Ⅱとして収録した）。
『生命科学から生命誌へ』小学館、一九九一年。

3　科学の呪縛を解く

アメリカ有数の科学誌である《Science》に、「二億五〇〇〇万年前の生物の絶滅の原因は隕石の衝突ではないか」という論文が載った。アメリカの研究者による成果だが、試料として用いたのは岐阜の犬山や丹波の篠山のものとあった。たまたま論文発表のひと月ほど前に、岐阜から篠山にかけてそのころの海底が隆起した地層があり、三葉虫などの絶滅を知る絶好の場だという話を聞いたところだった。「そんなおもしろいところがあるならそこに大きな看板を立てたらよいのに」。そういう私に相手は「だれも興味をもちませんよ」と冷静だった。その後にこの発表があり、日本人の研究ではないのを残念に思った。せっかくこんなおもしろい材料があったのだからそれを生かし、日常の科学がこれをきっかけに育つといいのにと思ったのである。

科学の魅力

青臭い話だが、毎日の暮らしの中で考えるのは、生きたという実感をもちたいということだ。私はどこにいるどんな存在で、なにをすればよく生きたことになるのか。自分なりの世界観をもって、自分なりにやるべきことをみつけ、ほんの少しでもいい、私がやったというなにかを残したいと願っている。

幸い、二〇世紀後半から二一世紀にかけて、自然科学による生命現象の解明が、人間について考えるための素材を提供してくれている。個人としては、学部時代に生化学にめぐりあい、大学院からはＤＮＡを基本にした分子生物学を勉強できた。それ以後の分子生物学の進展はすばらしく、ゲノムを解析し、細胞を解明し、免疫、がんなどの研究から、生命現象の精妙さを教えてくれた。さらに、脳、発生など、まさに「私」ってなんだろうというところに迫りつつある。これから先も科学の方法は有効性を失わずに生命現象を解明していくだろう。

しかし――ここから先が今回のテーマへの私なりの答えなのだが、自然、生命、人間を知りたいのなら、「科学」にこだわる時代は終わったと思う。ここで「科学」とよぶのは、Science（知）ではなく、現代の分科した学問分野のことだ。これは、普遍、論理、客観を基本とし、還元、分析を方法とする。生命現象についても、まだまだ分析すべき対象はたくさんあるのでその作業は続ける必要があり、そこから興味深い成果が出てくるだろう。しかし、たとえば脳研究は、多くの新しい技術を開発し、記憶・学習などについて興味深い成果をあげているが、これで脳のはたらきの意味がわかるという知になっているとはいえない。分科した科学を超えた新しい知が出てこなければならないと痛切に思う。

ヒトゲノムの塩基配列の解析が終わり、その中にある遺伝子についてもある程度わかってきた今、この先どんな方法でこのはたらきを解いていくのか。おそらく、直観では処理しきれない大量の情報をコンピューター処理して分類・整理するところからなにかがみえてくるのだろうとは思うのだが、そこにはやはり、還元・分析とは違う新しい視点が必要だろう。

そろそろ「科学」という言葉の呪縛を解いて、新しい知をもってもよいときなのではないだろうか。科学の方法があまりにも有効なので、全体をみなければならないと思いながらも、科学にこだわりすぎてはいないだろうか。もちろん、科学に代わる知の概念と方法を探しだすのは至難の技だ。ただ、私は、生命科学から抜け出して新しい方向を探る一歩として「生命誌

(Biohistory)」へ踏み出した。科学から誌へと移行したいと思った理由を簡単に述べる。

一九八〇年ごろのこと、組換えＤＮＡ技術によってＤＮＡを取りだして操作できるようになり、遺伝子研究が進むと同時にバイオテクノロジーとよばれる新分野が誕生した。それは、医療でも臓器移植や体外受精など生命を操作する技術の日常化への道をつけることにつながった。ＤＮＡの分析を基本に置く生命の研究はすばらしい成果をあげているが、それに伴って生じてくる技術にはさまざまな問題があるというのが多くの人の受けとめ方である。そこで一九七〇年代にＤＮＡ研究の技術への応用が始まると同時に、アメリカで「生命倫理」という分野が誕生したのである。私もそれに関心をもち、勉強してみたが、どうしてもそこに答えがあるとは思えず、次のように考えた。

生命科学は、科学である限り、生物をも機械論的にみているので、そこから生まれた技術も生命体（人間を含む）を機械のように扱うことになるのは当然で、このような技術はとめどなく拡張していくだろう。それに対して倫理をもちだしてもおそらく効果はない。しかも、ＤＮＡ研究が進むにつれて、生物は機械とは違うということがみえてきつつあるのだから、生物研究そのものが機械論から脱却し、生きものを素直にみつめる知に変わるほうが生物の本質を知ることになるだろう。それは生命論的な知とよべるものであり、そこからは生命論的世界観が生まれ、技術もそのような方向に移るはずだ。そのような知は、科学という狭い専門に閉じこもっていたときと違って、あらゆる人に開かれたものになるので、もはや科学と社会という対立した考え方は不用になり、すべての人が、生命を基本にした社会づくりに参加できるようになるはずである。

生命誌の試み

そのような方向へ移るにはどうしたらよいか。一〇年近く悩んだ結果、一つの道がみえた。それが「生命誌」である。これが、求めるべき知の最終解であるとは思っていない。当面私の力で探せたのが「生命誌」だったというにすぎない。実は、この言葉は、「生命誌研究館 (Biohistory Research Hall)」というセットで頭に浮かんだ。つまり内容とそれを行なう場とが一体となって生まれてきたのである。

この考えは、生命の基本単位は細胞だというところから始まる。そして、ＤＮＡも遺伝子を単位とせずに細胞内にあるＤＮＡのすべて、つまりゲノムを単位に考えることになる。ゲノムを日本語にするなら「生命子」となるだろう。単位を考えるという点では科学と同じだが、それを生命が存在する細胞とし、それ以下は生命体を構成する物質としてみていくのだ。遺伝子はゲノムをみるときの重要な部品だが、それだけで生命を産みだすものではない。ゲノムを単位にすると、いろいろなことがみえてくることは前に述べた。

おさらいをすると、まず普遍と多様である。ゲノムは、DNAという点で全生物に普遍だが、個々の生物で異なる。ついで階層性。分子、細胞、臓器、個体、種、生態系という生物に特有の階層は、それぞれを扱う学問を分けてしまった。分子生物学と生態学では同じ生物を対象にしながら方法も関心もまったく異なっていた。しかし今では、ゲノムを通してさまざまな階層を対象とする学問がつながっている。また、ゲノムは進化の結果生じてきたものなので、その中に各生物の歴史と生物間の関係が入っている。受精卵から一つの個体が生まれ、成長し、老い、死んでいくこの過程こそ、生物研究の最大のテーマだが、これもゲノムの中に閉じこめられた時間が解き放たれていく過程として追うことができる。多様、階層、時間は、科学が切り捨ててきたものであり、これらをとりこむことで生きものそのものがみえてくる。けれどもここでもう一度確認する必要がある。このような性質はすべてゲノムが細胞の中にあるときにみせる性質であり、ゲノムだけが転がっていてもなにも起こらないということを。

自然という本

科学の呪縛から抜け出したいと思う心の底には、自然という本は数字だけで書かれているのだろうかという問いがある。ヒトゲノムの解析が進み、遺伝子の数がタンパク質の数から予測していたよりもかなり少ないことがわかってきた。細胞と細胞の間での物質のやりとりの研究が進み、一つひとつの細胞がもつ受容体の重要性がわかってきた。さまざまな生物での形づくりの基本を握る遺伝子群が存在することもわかった。こうしてみると、複雑さの陰に、なにやら基本的しくみがあるらしいことが予測できるが、膨大なデータを整理しないことには、直観でそのしくみを感じとることはできない。幸いコンピューターという道具や統計学、情報科学などの学問があるので、それを活用すれば、基本はみえてくるだろう。でも生きものを含む自然については、やはりそれらのデータから生まれてくる物語として語ることになるのではないかという気がしている。

科学技術の品格

ここでのテーマは科学だが、近年この言葉は科学技術の中に吸収され、科学技術はお金に吸収されている。

生命科学研究では今、ゲノムプロジェクト（いわゆるポストゲノムも含めて）や再生医療などが重点的に進められている。ここに関わっている研究者は、才能豊かな尊敬すべき人が多いので、個人を非難するつもりはない。しかし、競争のかけ声のもと、特定の研究への極端な集中は、知のありようとして決して望ましい形ではない。しかも、そこには、常にアメリカなど外国に遅れているという脅迫観念があり、研究の先には必ず科学技術が意識されており、それが、人間として納得のいく社会につながるのかという問いは忘れられている。

テーラーメイド医療の具体的イメージはどうだろう。確かに多くの遺伝子と病気の関係はわかるに違いない。しかし、特定の遺伝病以外に○○病の遺伝子が一つだけ決まるなどということはありそうもない。しかも、遺伝子分析データが、従来行なわれてきた病院での検査データにつけ加えられても、医療システムが人間対人間になっていない現状では、それはデータとしてしか生かされない。テーラーメイドとはいかないだろう。そうなるには、医療がデータ対技術ではなく人間対人間になっていなければならない。

死を生の中に的確に位置づける思想なしに、壊れたものは直し、できることならまた真新しくして永遠にあるようにすることが望ましいという価値観で動くなら、クローンもつくられるだろう。欲望を叶えるのが科学技術であり、なんでも勝てばよいとする社会の先には破滅しかないのではないだろうか。人間の徳とは、正義（公平）、中庸、勇気、節度と教えられた。実は、この四つは、生物の性質の中にもある。それを洗練したものが人間の徳とされているのだ。生命の本質にできるだけ迫り、それを徳のある社会に生かすのでなければ、科学技術を進めても暮らしよくはならないだろう。まず、気持ちよく暮らせる社会について考える作業が必要だ。

わからないことを楽しむ

なぜ物は上から下へ落ちるのか、サケはなぜ生まれた川に戻ってくるのか、生命体はどのようにして異物を異物として認識するのか……数限りなくあるこのような問いが、因果関係、論理で説明できることを知るのは楽しい。ましてやどんな小さなことでも、それまでわからなかったことを自分の手で明らかにできたときの満足感はなんともいえない。このわかる喜びが知の本質なのだろうと思う。

近年、科学に、生命とは、人間とは、自然とはという大きな問いがつきつけられるようになった。これは、科学がかなり進んだためであり、一方で科学の成果を活用する科学技術がこのような問いへの取り組みを求めているためでもある。もちろんこの問いは重要で魅力的である。けれども、科学はこの問いに答えを出せるのだろうか、というより出せると考えてよいのだろうか。もし、科学の言葉で自然、生命、人間について書かれた本があり、それを読めばすべてがわかるとなったらどうだろう。小学生のときにそれを読んでしまったら……。なんで私はここにいるのだろうと考えずに生きることはできるのだろうか。少なくとも私は、そんな人生は送りたくないという気持ちだ。

なぜ科学の道へ入ったのかと問われたら、わからないことを探して考えるのが好きだからと答える。考えているときの楽しさ、とくにそれについて仲間と話しあっているときの興奮は、なにものにもかえがたい。もちろん、小さな答えがみつかる喜びはあるが、その先には必ず問いがあると思うからこそ答えを知るのが楽しいのだ。時代が変われば同じ現象に対しても別の切り口からの問いが立てられるところなどは知の醍醐味である。

社会では、科学はことがらをわからせて説明することであり、その成果を技術として自然をコントロールするために用いるものであるとされているので、脳科学の成果を生かして合理的教育をしようという動きまで出てくる。そうではなかろう。わからないことの宝庫である自然の中に、子どもたちを放り出し、そこから私たちが気づかなかった疑問を掘り出してもらわなければ新しい知の可能性は出てこない。わからないことを楽しむ文化を育て、科学がすべてをわからせ解決するという呪縛から解放されないと知の豊かさそのものが失われてしまい、人間の未来はなくなる。

次の世代の人たちへ

若者の科学離れや学力低下が問題になっている。確かにそういう傾向もないわけではないが、これは若者の責任ではなく、効率一辺倒の経済優先社会での歪んだ競争が、真の知的刺激を与えていないために起きたことだ。社会を変えずに、教育制度をいじりまわしても改善はない――それどころかますます悪くなるだけだろう。

子どもたちのふしぎ好きは少しも変わっていない。高校生・大学生は、未来に関心をもっている。現代社会が抱える問題を解きたいと考えている。人間とは何かと問うている。ところが大学は、環境科学、情報科学、人間科学などという学部や学科をつくりながら、明確なコンセプトや方法を示していない。そもそもそこに「科学」という言葉がふさわしいのかという問いがあるはずだが、そのような検討はなされていない。科学からの脱却を意図した情報学、生命学、人間学などの提案も同じく切り口がみえない。

次の世代にはぜひ新しい学問をつくっていってほしい。そのために私たちがしなければならないのは、「科学」を含む既存の学問の歴史を体系的に伝えることだと思う。科学から脱け出そうといいながら逆のことを言っているようだが、過去の蓄積の上にしか新しい知はありえないと思うので、徹底的に既存の学問を学んでほしい。なかでも科学はとくに重要であり、魅力的な教科書をつくり、魅力的な先生が科学のおもしろさを伝えられるシステムづくりが必要だ。

科学の呪縛を解くために今最も必要なことは、まず科学の本質を伝える教育だと思いはじめている。同時に、科学のみならず人文学など他の学問を学び、日常感覚を磨いて深く考え、生活感ある新しい知を産みだす人が出てくることを期待している。

4　生命誌から持続可能性を考える

はじめに

ここでのテーマは、生命誌という切り口で自然と持続可能性（sustainability）について考えることである。ここで明確にしておかなければならないのは持続可能という言葉の意味である。

この言葉は、一九八七年に国連環境開発世界委員会（いわゆるブルントラント委員会）が提唱した持続可能な開発（sustainable development）を受けて用いられている。これは、開発とは、環境や資源を保全し、現在と将来の世代の必要をともに満たすようなものでなければならないという考え方である。それまで、環境や資源の問題に注目し、有限の地球の上で生きていく方法を示唆する言葉としては、「成長の限界」「宇宙船地球号」など開発を抑える意味合いのものが用いられており、技術開発、経済成長をよしとする多くの人には受け入れられにくかった。環境・資源の問題があることは認めるが、進歩のための開発は止めてはいけない……それを両立させるために考えだされたのが「持続可能な開発」であった。ところで、この言葉が生まれて四半世紀、この考え方に基づく社会が現実のものになっていないだけでなく、その具体的な姿を明確にすることさえできていないのが実状である。

確かに環境問題への関心は高まった。企業活動の中でも、まずは社会に対する責任としての環境意識を高めることに始まり、近年では環境問題の解決を企業活動にする動きも出てきた。しかし、社会の価値観はあいかわらず成長にあり、そのなかに環境問題をなんとか組みこむという考え方しかできていない。事実、成熟期に入り、高度な経済成長が望めない状況にあるわが国のリーダーたちは、それに合う新しい国のあり方を模索するのではなく、中国、インドなど一〇億を超える人口を抱える国の経済成長に活路を求めている感がある。それに伴う環境への負荷はいちおう脇に置いておき、少々落ち着いたら環境事業を売りこもうということなのだろうか。

衣食住という生活の基本の保証はもちろん、生活の質の向上はすべての人の求めるところである。自動車や電化製品による便利さを享受してきた者が、今それを求めている人々の欲望を押さえつけることはできない。しかし、一度野放図な浪費を体験しなければ本当の豊かさとは何かを知ることができないというのでは、これまでの私たちの体験はなんだったのだろうと思わざるをえない。エネルギーや資源の有限性を前提にした便利さの求め方を探索し提言していくのが前を走った者の役割だろう。GDPの伸びで国の力を判断する時代は終わっているはずである。二〇世紀を動かしてきた進歩と成長神話をそのまま二一世紀にもちこまず、価値観を変える努力をするのでなければ人類の未来を見通すことは難しい。

このような問題意識で、「生命誌」という切り口を用いて考えていくと、国連環境開発世界委員会での議論から生まれた持続可能性という言葉には、価値観の転換の意識は含まれていないという問題点が浮かび上がる。自然の見方、自然の中での人間の位置づけから考えなおし、自然との向きあい方を基本から考えてみようというのが、「生命誌」からの提案である。それは、「生命を基本に置く社会」つまり、持続可能という言葉のもつ本来の意味を生かした社会をつくるための模索である。

私たちは生きものであり、自然の一部である

一九世紀から二〇世紀にかけての生物学による最も基本的な成果は、すべての生物が基本物質をＤＮＡとする細胞でできており、人間（生きものとしてはヒト）もその一つであることを明らかにしたことである。細胞を構成する元素は宇宙に存在する通常のものであり、その組み合わせでできた物質の化学反応で生命現象は説明できる。しかも、二〇世紀末からは、細胞のもつＤＮＡのすべて、つまりゲノムの解析が進み、ＤＮＡに蓄積された情報の解読が可能になった。そこで、個体が生まれてくる発生、多様な種が生まれる進化、進化と発生によってできあがる生態系を分子の反応として調べる研究が急速に進み、生きものの構造と機能について、興味深い事実が明らかにされている。そこで生命科学は、それらの知識をもとにした技術開発を進めることで新しい時代をつくろうと考えた。バイオメディシン（生物医学）、バイオテクノロジー（生物技術）という言葉で進められる技術は、対象が生きものであるがゆえに、これまでの物理・化学に基づく技術とは異なり、持続可能性につながるのではないかという期待から、一九八〇年代には〝バイオ〟という言葉が夢をよんだ。

しかし、すでにこのような技術開発が始まって三〇年がたつが、ここからそのような未来を見通す道はみえてきていない。私たちが生きものであり、自然の一部であるという事実を示し、しかも研究は進んでいるようにみえる生命科学という新しい分野が生命を基本に置く社会への転換を引きだせないのはなぜなのだろう。生命科学研究の中にいる者としてそれを真剣に考えた結果、「生命誌」という考え方にいたった。生命科学の成果を認めながらも、生命とは何か、人間とは何かという基本を考えるところに立ち還らなければ未来にはつながらないと思ったのである。

現代社会の世界観

生命科学が、人間を多様な生きものの一つとしてみるという視点を出しながら、それを生命を基本に置く社会づくりにつなげることができない理由を考えていくと、科学とそこから生みだされた科学技術文明とが、自然や生きものを機械としてみているという世界観にぶつかる。私たちは日常、生きものという言葉から、赤ちゃんの柔らかい肌や暖かいネコの毛などを思い浮かべるが、科学技術文明の中での生きものはそれとは異なる。

機械論的世界観（17 世紀）	
ガリレイ	自然は数字で書かれた書物
ベーコン	自然の操作的支配
デカルト	機械論的非人間化
ニュートン	粒子論的機械論
	（伊東俊太郎『近代科学の源流』による）

表 4-1　機械論的世界観誕生の歴史

近代科学を生みだしたヨーロッパ文明では、私たちが読まなければならない書物が二つあるとされてきた。一つが聖書であり、もう一つが自然である。星を眺め、動物や植物に接しながら自然を読み解いていくなかで、一七世紀に大きな展開があった。それは、ガリレイによる「自然はすべて数字で書かれている」という認識から始まる。その後の歴史の詳細は省くが、伊東俊太郎『近代科学の源流』に示された簡潔で的確なまとめを活用させていただき大きな流れを示す（表4－1）。

ここに示されたガリレイ、ベーコン、デカルト、ニュートンの考え方は、自然は生きものも含めて機械であり、操作可能なものと見なそうというものである。生きものの中には人間も含まれるが、ここで人間にだけ存在すると考えた精神（心）は別とした。いわゆる心身二元の考え方である。この機械論的世界観こそが自然を分析する科学を進展させ、科学技術文明を生みだしたのであり、現代人の日常生活はそれによって支えられているといってよ

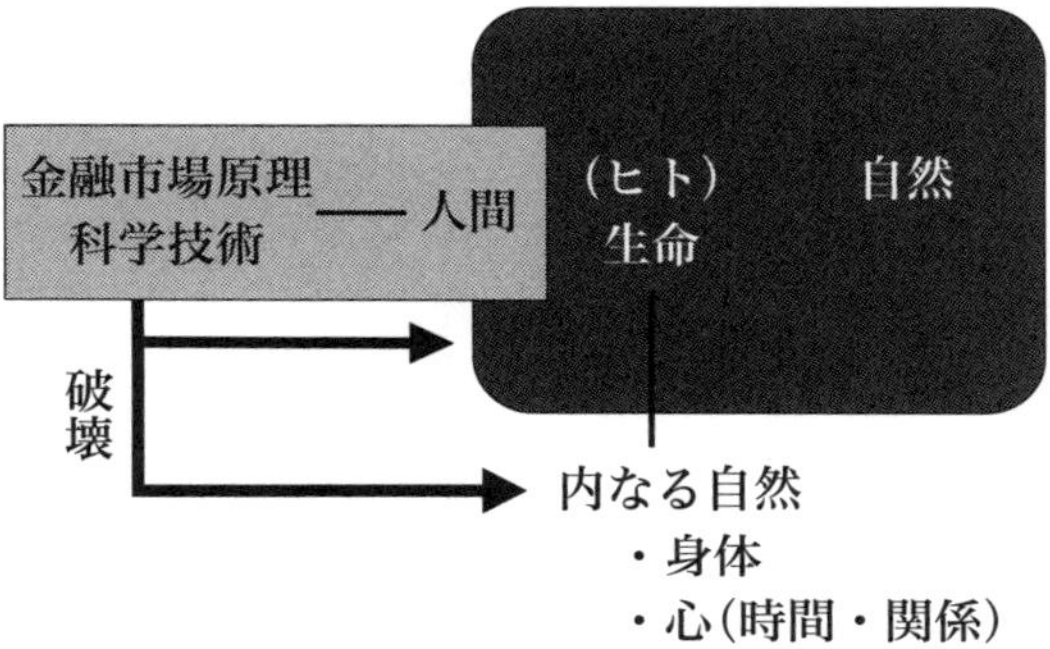

図4-1　外の自然と内なる自然の破壊

い。産業革命以降の社会の変化を表す指標の一つである人口が、一八〇〇年の一〇億人から二〇一〇年の六九億人へと急増するなか、利便性は急速に増加し、地球全体がつながった。これは人類の歴史の中で大きく評価されるものである。

しかし、このめざましい進歩には、大きな問題があることが近年明らかになってきた。これもまた詳細は省き、問題点だけをまとめておく（図4－1）。

科学技術で利便性を追い、金融市場経済という実体を越えた金銭の動きで力をはかる社会をつくったために、いつか人間が主体性を失い、便利さやお金に振りまわされることになってきたのである。その結果、森林や海など、生きものである人間を支える自然を破壊した。歴史上、何度も体験してきた文明の崩壊の原因の多くは自然の破壊の結果とされる。このままでは地球規模での文明の破壊につながりかねないという気づきが持続可能性という言葉を表に出したのである。

図4－1は、いわゆる環境破壊とされる自然の破壊だけでなく、自然の一部である私たち人間の「内なる自然」の破壊をも示している。内なる自然とは、私たちの体と心をさす。とくに心は、生きものとして必要な時間と関係を切ることで壊されていることに注目する必要がある。利便性追求のあまり、人間にとって最も重要な時間と関係が失われていることに気づかなければならない。自然の破壊を環境問題としてだけ受けとめると、新技術を開発すればそれは解決するということになり、機械論的世界観の見直しにはつながらない。一方、心の問題は道徳や心理カウンセリングで解決しようということになる。そうではなく、実は両者ともに自然の破壊であり、それは生命の本質をみない行為の結果であると受けとめるなら、生命の本質に目を向けることでしか解決は得られないという答えが出てくる。それは、機械論的世界観の見直しである。

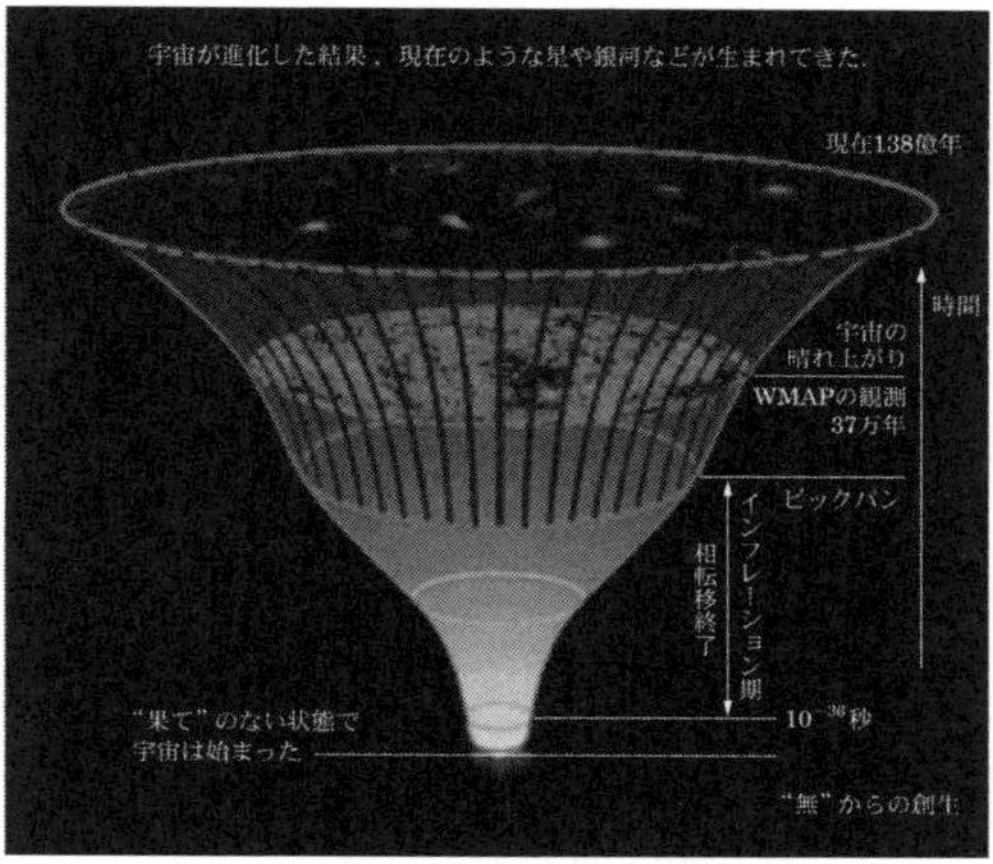

図 4-2　生成する宇宙

（佐藤勝彦氏のホームページより）

機械論的世界観からの脱却

ガリレイ、ニュートンらに導かれて進められた物理学が、二〇世紀に入って大きく転換したことはよく知られている。量子論、不確定原理、相対性理論と二〇世紀初めに次々新しい物理学が登場したのである。ここからみえてくる自然は、固定化した機械ではなく生成する姿をみせている。物理学の言葉でいうなら自己組織化ということになるだろうが、私はここでこれを「機械論的」に対して「生命論的」であると考えたい。自己組織化、生成の典型例が生命であり、生活や技術と結びつけて問題を考えるにあたっては具体的に生きものについて考え、生きものから学ぶのがわかりやすいと思うからである。それになにより私たち自身が生命体であるところから、人間の生き方を考えるためには生命を基本に置いて考えていくのがよいと思うからである。

生成という目で自然をみる物理学の中で、宇宙は今から一三八億年前に無から誕生したことが明らかになった。アインシュタインは「定常宇宙」を信じ、それに合う式を考えていたことが知られているが、今では「定常宇宙論」は消え、宇宙は生成するもの、そして今も膨張を続けているものとしてとらえられている(図4－2)。

理論とさまざまな観測とからそれが明らかになったなかで興味深いのは、インフレーション、ビッグバンという形で急速に膨張した後、三〇万年ほど経過したときの「宇宙の晴れわたり」とよばれる観測像である。ここには明らかにゆらぎがみられ、ここからさまざまな星が生まれ、銀河系なども生まれた。ゆらぎあっての銀河の形成であり、その中で四六億年前に生まれた地球に生命が誕生したわけである。このように、機械論の中で生まれた科学が、今では機械論的世界観の破綻を示しており、「生命論的世界観」の必要性を示しているのである。そこで、三八億年前に地球で誕生した生きものの歴史をたどり、その中で生まれた人間の自然との向きあい方をみていくのが「生命誌」である。したがって、「生命誌」からの提案は、機械論的世界観をそのままにして科学技術や金融経済を進めながら「持続可能性」を求めるのをやめ、新しい世界観の中での生き方を考えようということになる。

生命論的世界観の中で——生命誌の視点

1　改めて人間は自然の一部であり、生きものである

生成する宇宙の中で生まれた地球上で暮らす生きものの一つとしての人間を再確認するところから始めよう（図4−3）。

先にも述べたように生物学では、現存の数千万種ともいわれる多様な生きものは、三八億年ほど前に海中で誕生した細胞を祖先とする仲間と考えている。この細胞がどのようなものであり、どのようにして生まれたかについては今後の解明に待つとして、現時点ではっきりしていることは、現存生物はすべてＤＮＡを基本物質として用いており、その用い方は普遍的であるということである。そこで、生物学の知識を基に生きものの歴史と関係を読み解くことによって、生きものであるという言葉の内容をできるだけ明らかにし、その中での人間の位置づけを考えることが重要である。この図で大事なのは、人間が扇の中に存在することである。機械論

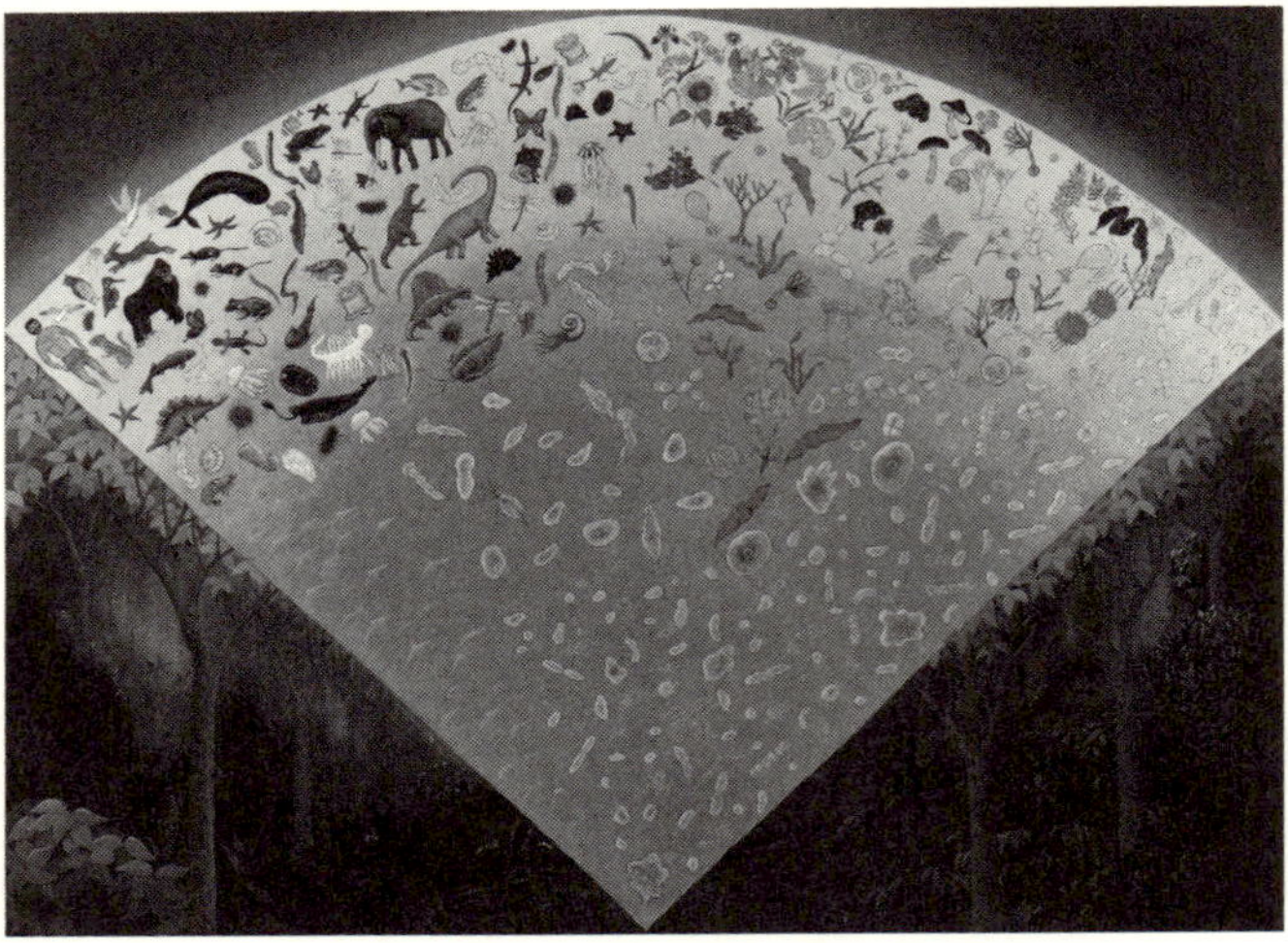

図 4-3　生命誌絵巻

扇の要は、地球上に生命体が誕生したとされる 38 億年前。以来、多様な生物が生まれ、扇の縁、つまり現在のような豊かな生物界になった。多細胞生物の登場、長い海中生活の後の上陸と種の爆発など、生物の歴史物語が読みとれる。(本書の見返しにカラーのものを掲載している)

的世界観での人間は、この扇の外側にいる。環境問題が生じ、自然への関心が高まり、「人間は自然の一部である」という言葉は語られるようになったが、社会を支えている世界観、価値観が人間を外に置くものになっているのだから、具体的な活動はおのずと人間と自然とを対置する形になってしまう。その典型が一時流行した「地球にやさしく」という言葉だろう。私たちが扇の中に存在する多様な生きものの一つであると実感していればそんなおこがましいことは口に出せないはずだ。地球やその上に暮らす仲間たちに、私たちにやさしくして下さいとお願いするのが筋となる。この図に描かれた人間の位置を忘れてはならない。

このように考えてくると、持続可能性という言葉にこめられている、人間による自然の操作を前提とした考え方の問題点がみえてくる。実は、生きものは続くものなのであり、持続可能性は生きものが本来もっている性質である。持続しないものは生きものではない。三八億年という長い時間でみると、地球は大きな噴火をし洪水を起こすなど大きく変化してきた。最近の研究で、かつて全球凍結したことさえあることまでわかってきた。そのような中で続いてきたしたたかさをもつのが生きものなのであり、その能力を生かそうというのが持続にこめる意味である。

2　とはいえ人間という生きものは特殊

続いていくものであるという基本を共有しながら、多様な生きものがそれぞれの特徴を生かして暮らしているのが地球である。地球上に最も遅く登場した（約一七万年ほど前とされる）私たち現代人（ホモサピエンス・サピエンス）も、生きものとしての基本と人間独自の特徴とを生かして生きていく必要がある。ただ問題なのは、人間のもつ特徴が、特殊とよぶほうがふさわしいかもしれないほど他の仲間と違っていることである。二足歩行をし、大きな脳、とくに新皮質をもち、その結果文化・文明を手にしたというところに目を向けなければならない。農耕文明に始まり、現代の科学技術、市場経済を基本とする文明までを生みだしたのは人間の特質なのだからこれを否定しては元も子もない。しかし、このままこの文明を続けていったのでは人間の持続が危ぶまれる。人類としてのこれまでの歴史を生かし、科学技術文明も取りこみながら、持続を基盤にする生きものとしての生き方へと転換していくにはどうしたらよいか。この問いへの答えを探さなければならない。

生命誌からの提案

1　生命論的世界観を自分のものとする

世界観を変えるときがきているのだから価値観を変えよう、という提案に対しては、それは難しいという反応が多いだろう。価値観は一人ひとりのものであり、現在もっている価値観を間違っているとすることはできない。ただ、はっきりいえることは、生命論的世界観をもつと自然がよく見え、今なにをしたらよいかがわかるということである。最近よく先行き不透明といわれるが、生命を基本に置くと決めれば決して不透明ではない。しかも、それを行なうことは決して苦痛ではない、いや楽しく生き甲斐がある。生命論的世界観などと書くと大層に聞こえるが、具体的には「自分が生きものであるという実感をもちながら生きる」ことであり、難しいことではない。事実、自然が豊かな地方での暮しにはそのような生き方が感じられることが多い。一方、都会の高層ビルで昼夜の別のない人工光の下で金融取り引きに明け暮れている生活をイメージすると、そこには生きものとしての感覚はみえてこない。

2　生きる基本としてみえてくること

生きものであるという実感をもったときにみえてくる暮しを、とくに日本を意識しながらみていこう。大切なのは、楽しく食べること、健康に暮らすこと、四季を楽しみながら住まうこと、美しい自然があること、さまざまなつながりを感じること、知識を得たり考えたりしながら心を豊かにすることなどである。産業でみるなら、まず農林水産業、食品産業、医療（薬）などが重要となる。たとえば健康によく暮らしやすい住居として、国産の樹を生かした木造建築を造るのもよい。豊かな自然環境と地域のつながりがあり、教育や文化活動がしっかりしていることも重要だ。人間の歴史をみると、農業革命、都市革命、精神革命、さらに科学革命からの産業革命とよばれる大きな変革がみられ、変革のたびに価値観を変えてきていることがわかる。現在は科学技術と金融が意味をもち、利便性とお金に価値を置く社会になっているが、その価値観が絶対であるわけではない。ここでもう一度、価値について考え直し、農業、精神、都市などのもつ意味を見直し、現存の科学技術を生き生きした生活を支えるために活用する決心をすることはできるはずだ。

3　生命革命へ

持続可能性について考えようということは、今なにかが変わらなければならないという意識の表れであるのに、多くの人が価値観は変えずに小手先でなんとかしようとしているのはなぜなのだろう。これまでも革命と名づけられた変化をしてきた歴史をもつ人類であり、変革を避けてはいけない。そう考える人もあり、すでに「環境革命」とか「人間革命」という提案がなされている。それも理解できるが、私はこれまで述べてきた理由で、今必要なのは「生命革命」だと思っている。価値観の変換は、決してこれまで積み上げてきたものを否定するものではない。科学技術も大いに活用したい。しかし、日本の現状をみると、首都圏への一極集中が今も進み、高層ビルの建設をよしとしており、これでは人間の意識は変わらない。

今重要なのは意識の変化であり、それには日本列島の北から南までそれぞれの地域の特性を大切にし、海や山を生かした暮しを設計していくことである。自然を操作するのでなく自然を生かす暮らし方を組みたてることである。日本文明とでもよぶべき暮らし方であり、縄文時代以来行なってきた暮しである。最新の科学技術を自然の征服や利便性だけに注目して利用するのでなく、自然を生かそうという意識で活用することである。まずは農業でそれを試みたい。地域の特徴を生かし特産物を生かす農業は決して古くない。日本中をていねいにみれば、このような意識での活動はたくさん芽生えている。また、農業を通しての子どもたちの教育も実績をあげている（私もその中のいくつかを応援している）。こうして育った子どもは、高層ビルの中だけにいたのでは決して得られない生きものとして生きる感覚を身につけ、「生きる力」を発揮している。この子たちに未来を托したい。

一極集中、高層ビルの時代からの脱却を決心し、新しい農業を育てるところから生命革命を始めることを提案する。

5　生命科学による機械論から生命論へ

デカルト、ニュートン以来、ヨーロッパで育ち世界中に広がった科学と一八世紀に起きた産業革命以降の物の生産と利用における科学技術の応用という社会の動きとが相まって、機械論的世界観が生まれた。以来私たちはその中で、進歩をよしとし、より豊かで便利な生活を追い求めてきた。それは、世界は分析・還元という方法ですべて論理的に理解できるという信念と、そこでわかってきたことを活用して新しい科学技術を開発すれば、よりよい生活があるという夢とに支えられていた。信念と夢のある人間は生き甲斐をもつことができるわけで、科学と科学技術はすばらしいものの代表格だった。

二〇世紀後半は、人間を含む、地球上に存在する生物すべてが、DNAという物質のはたらきを基本にして生きていることがわかり、生物を分子を部品とする機械として理解しようとする分子生物学が急速な進歩を遂げた。人間の理解も含めての機械論的世界観ができあがる可能性が明確になったといえる。ところが皮肉なことにそれと同時に、二〇世紀後半は、環境問題や倫理問題が生じ、科学・科学技術への信頼が揺らぎはじめたときでもあった。

機械論的世界観では、人間と自然の間に科学・科学技術（人工）が入り、人間は自然を徹底的に利用、征服することを目的とし、合理的世界をつくろうとしたのである。しかし、これが行き詰まっている。まず、自然は分析・還元という手法のみで理解できるものではないこと（たとえば複雑系というとらえ方の誕生）、人間自身が自然の一部であり、決して合理的な存在ではないことがわかってきた。しかも、大量生産・大量消費による資源・エネルギーの枯渇、環境破壊などの問題が深刻化し、効率第一のために時間に追われる日々に人間自身が疲れてきた感を否めない。

ここで考えたいのが、生命論的世界観である。まず、生物はすべてDNAを基本としているという事実から、DNAを遺伝子という単位でとらえ生命現象を遺伝子に還元して説明しようとするのでなく、細胞内にあるすべてのDNA、つまりゲノムを単位と考えるのである。すると、興味深いことがわかってくる。生命体を扱う場合に面倒なのは階層性があることだ。分子、細胞、器官、個体、種、生態系、それぞれに対応する学問があるほどだ。遺伝子でこれをまとめるのは難しい。ところがゲノムは分子であり、細胞を決め、器官の特徴を決める。また、ヒトゲノムという言葉があるように、種もゲノムで語ることができ、生態系も多くの生物のゲノムの比較でみていくことができる。つまり階層を貫くというこれまでにない性質をもっているのがゲノムだ。もう一つの生命体の特徴である共通性と多様性についても、ゲノムは興味深い視点を与えてくれる。ＤＮＡを遺伝子としてみるとかなりの普遍性を有しているのに、ゲノムになると種はおろか個体に特有のものとなるのだ。つまり多様性はもちろん個別性にまで立ち入ることができる。

各生命体のゲノムには、それぞれの歴史と他の生命体との関係が書きこまれている。つまり、ゲノムからヒトはどのようにしてヒトになり、大腸菌はどのようにして大腸菌になったかがわかる。このように生命体をとらえると、ありのままの生きものの姿がみえてくるので、論理・還元・分析で理解しようとする科学ではなく「誌」という知のありようを考えたほうがよいことになる。

「誌」として理解される生命体は、進化し多様化していく過程そのものに特徴をもつ全体としての存在である。実は、宇宙や地球、つまり自然のすべてがこのような歴史的存在であり、それらを理解する科学も「誌」になりつつある。科学が明らかにした事実のすべてを活用しながら歴史性と関係性に注目していくと、おそらく生命が生命体として存在するために必須の構造がみえてくるに違いない（宇宙や地球についてもそれがあるだろう）。このようにしてみえてくる生きものの姿は日常感覚と合致する。そこで学問の知識と日常とが対立せずに合体し、ここから全体像がみえ、安定感、安心感のある知が生まれる。これが知恵という「統合の知」だ。

このような知が生まれると、人間は自然を征服するものではなく自然の一部となりながら、なおそこから学んだことを生かして人工世界をつくっていくことができる。ここで生まれる人工世界は、宇宙誌・地球誌・生命誌として理解された歴史と関係を踏まえ、そこに新しい関係と歴史を加えるものとなろう。たとえば食物は、当然有機・循環型の農林水産業を基盤に得るわけだが、この循環系の中にはバイオテクノロジーによる品種改良、コンピューターによる動植物の飼育制御や流通の合理化、地域に特有の天候予測や土壌管理などが入る。生命論的世界観は、好奇心と挑戦が常に存在する生き方、安定感のある暮らし方を支えるものとなるはずだ。

6　遺伝子工学とバイオテクノロジー

バイオテクノロジーという言葉が生まれたのは一九八〇年ごろと新しい。背景として七〇年代半ばにアメリカで誕生し、その有用性ゆえに急速に生物研究の世界に普及していった組換えDNA技術が、産業技術としても有望だということになったからである。それまでに、さまざまな化学物質、とくに石油を原料とした高分子物質の生産、原子力、エレクトロニクスなど、新しい科学技術が誕生するなかで、生物学は実用性とは縁遠い学問だった。ところが、細胞内でDNAの指令によりタンパク質が生産される方法の基本は全生物で同じであり、ある生物のもつDNAの一部を切りとって他の生物（異種でも可）に入れると、それが新しい生物の中で複製し、タンパク質をつくることがわかったのである。

これを活用すれば、工場内で生物由来の物質を生産できる。実用化の一号として有名なのが、インスリンである。これは、すい臓から分泌され、血糖値を調節するホルモンであり、糖尿病患者の中にはこれが不足している人がいる。薬として必要だが合成は難しいので、ブタから類似の構造をもつインスリンを取りだして利用してきた。もちろんヒトインスリンが望ましいのだが、それをヒトから取りだすことはできない。そこへ、ヒトインスリン遺伝子をいれた大腸菌を培養し、大腸菌にヒトインスリンを生産させる技術が開発されたのだから、まさに画期的といってよかろう。

そこで、遺伝子組換え技術を活用したバイオテクノロジーという分野が確立し、次々と製品が誕生した……ということになれば話は簡単なのだが、実はそうではない。もちろん、インスリンと同じように、微生物を利用して成長ホルモンやインターフェロンの生産は行なわれたが、それだけでは社会に、また技術の世界に大きな影響を与えるものにはならない。

ただ、遺伝子組換えで生物利用の新しい可能性がみえたことによって、多くの人が、人間は昔から多くの生物を利用して生きてきたことに改めて気づかされるという効果が出た。そこに近代生物学で開発された新しい技術を加えて、食べもの、健康、環境を対象にした有効な技術を産みだそうと考えるようになったのだ。発酵の再認識などはよい例である。ここに新しい技術を加えることで酒、味噌、チーズなどなじみの食品を高品質にできる。私は、このような意識で開発された技術体系をバイオテクノロジーとよぶのがよいと考えている。

まず食べものについては、農林水産業における動植物の品種改良、流通、食品の生産・加工に関する技術がある。品種改良では、いわゆるかけ合わせによる有用動植物の選抜が行なわれてきたが、これはとりも直さず遺伝的性質の選抜であり、現代生物学で明らかにされた遺伝子、DNAに注目すれば、遺伝子組換え、クローン作成などを積極的に取り入れることができる。これらの上手な活用で、安全で美味な食物を効率よく大量に生産すること、土地・気候を充分生かすことが可能になる。農薬や化学肥料の大量使用から抜けだし（適切な使用は必要）、動植物に耐病性などの性質をもたせるためにバイオテクノロジーの活用は不可欠だ。もちろん、新しい技術の利用にあたっては、安全性、とくに生物関連であるがゆえの生態系への影響などは充分注意しなければならない。

健康については、先進国では、内因（つまり遺伝子の変化）と環境の関わりから生じるいわゆる生活習慣病と老化、さらにはエイズなどの新興感染症が課題だ。いずれも、原因となる遺伝子の変化を調べ、遺伝子診断による予防や遺伝子治療を行なうことになろう。また、前述のインスリンなどのように必要な物質を遺伝子を用いて薬品として生産することもできる。

現在、各国でヒトゲノム解析が進められているのは、主としてこの目的のためであり、そこでは遺伝子情報の特許性*が議論されている。もっとも、個人の遺伝情報は、その人に限らず近縁の人々の情報を得ることにもなり、プライバシーの問題をどう扱うかは難しい。それ以上に、人間を機械とみてその部品を交換するのが医療であるとすることが、人間としての幸せにつながるかという疑問もある。人間全体をみる視点を失わないことが必要だ。

＊一九九一年にアメリカの国立衛生研究所の研究員C・ベンターが、ヒトの脳からの遺伝子（当初三三七個、ついで二〇〇〇個）の特徴ある塩基配列のみを決めた段階で、機能不明のまま特許を申請した。このような段階でのDNAは特許の対象にならないという考え方が大勢を占めるなかで、とにかく現時点で特許申請をしておいたほうが勝ちではないかという動きもあり、明確な答えのないまま、ゲノム解読競争が進んでいるのが現状である。

環境については、微生物による環境浄化などのほか、前述のように農業を生態系を生かすものにして負荷を減らすなどのためにバイオテクノロジーを活用すべきだ。

つまり、バイオテクノロジーとは、生物の性質が基本的には遺伝子の機能によって決まっていることを活用し、遺伝的性質を望みのものとすることによって、食物生産、健康維持、環境保全などに役立てる技術である。その典型は遺伝子組換え技術であるが、クローン生成、細胞融合、細胞の大量培養、酵素を利用したバイオリアクターなどの技術も重要だ。古来からの発酵もここでは生かされる。この技術の目的は単なる物質の生産ではなく、生態系の一員でありながら豊かさを求める人間の生き方を支えるところにあることを指摘しておく。

7　ヒトゲノム解析の意味——遺伝子が示す「差別」の錯誤

「ヒト二二番染色体解読」「ヒト遺伝子六万五〇〇〇個発見。米企業ネット販売へ」。新聞の一面に大きな見出しが躍る。このところ、DNA、遺伝子、ゲノムという言葉が頻繁にニュースに登場する。遺伝子は生物の基本を決めているといわれるのに、その販売とはいったい何事だと気になる方も多いだろう。

一九九〇年代初めから国際的なプロジェクトとして「ヒトゲノム解析計画」が進められてきた。ゲノムは、ある生物の細胞内にあるDNAのすべてを指す言葉で、これがその生物の基本的性質を決める（基本的という言葉が重要で、これが個体のありようのすべてを決めるものでないことは明確にしておかなければならない）。DNAはA、T、G、Cという四つの塩基対からなり、ヒトゲノムではこれが三〇億ほど並んでいる。ゲノム解析は、この並びを解読する作業で、当初は気の遠くなるような作業とみられ、冷ややかにみていた研究者も少なくなかったが、解析技術が急速に進み、二〇〇三年にはおおよそが解析されるところまできた。追いこみ状態のなか、最初にあげたような報告が相次ぐわけだ。

ところで、ゲノム解析にはどんな意味があるのか。社会への影響はなにか。その全体像は明確に示されていない。あまりにも多くの問題が含まれているのですべてを語る余裕はないが、基本のところだけでもまとめておこう。

まずゲノムからなにがわかるか。ヒトゲノムという言葉は、地球上に暮らす七〇億余の人はすべてヒトという同じ仲間に属するということを前提としている。最初にあげた「二一番染色体」は、日本とドイツからそれぞれのデータをもち寄った。つまり、どこのだれでもない、ヒトという「だれもがその一員である生きもの」についてわかりつつあるのだ。ここから人間とは何かを考える素材として興味深いデータが出てくるに違いない。塩基の解析は研究の始まりであり、これから、その中にある個々の遺伝子がどのようにはたらいているか、二万数千近くあるといわれる遺伝子が相互にどう関係するかを調べなければならない。さらにおもしろいのは、ゲノムにはヒトがヒトになるまでの歴史が入っていることで、それも少しずつ読み解かれるだろう。

　では、各人の特徴はどうなっているのか。九九・九％はみんな共通なのだが、一〇〇〇個に一個は違いがある。つまりゲノムにはそういう場所（単一ヌクレオチド多型、略してＳＮＰｓ《スニップス》）が三〇〇万ほどあることになる。共通部分解析と同時にこの解析にも力が入っている。遺伝子の多様性の解析だ。これがわかれば、いわゆる生活習慣病（糖尿病、高血圧、高脂血症、痛風、動脈硬化など）の遺伝子に迫れる。これらは一つの遺伝子の変化で病気になるというものではなく、複数の遺伝子が関係するので、患者群と健常者群でＳＮＰｓを比べ差のあるところを探すのだ。

　こうして各人の遺伝子が解析できれば、どんな病気にかかりやすいか、薬の効き方はどうかなどがわかり、個別対応の医療ができることになる。漢方でよく体質に合わせた療法といわれるが、それと同じことで、医療の質は高まり、費用も節約できる。しかし、体質程度ならよいが、個別の遺伝子情報がわかるとなるといかがなものかと思う方も多いだろう。確かに、治療法がまだ確立していない重症の遺伝子疾患については、あらかじめ遺伝子をもっていることを本人が知ることには問題がある。遺伝子情報の利用のしかたは、これから議論を重ねて、適切な方法を探っていかなければならない。

　ここで一つはっきりさせておきたいことがある。しばしば、遺伝子情報がわかると差別が生じるといわれるが、これは正しくない。すでに述べたように、ゲノム研究は、すべての人は基本的には同じであるということを前提にしている。これは、人は生まれながらにして平等であるという人権の基本を支える事実だ。一方、ゲノムはまた、一人ひとりが違っているということとも対応している。この違いの意味を遺伝病（一つの遺伝子の変化で起こる疾患）で考えてみよう。多くの遺伝病は、性染色体以外にある劣性遺伝形質であり、その遺伝子をヘテロ状態（二つの遺伝子のうちの一つだけに異常があるので、まだ発病しない状態）でもっている数を計算すると、だれもが平均数個という値になる。つまり、ヒトゲノムがある限り、万人に病気の危険性は存在するのであり、ここからは差別という考えは出る由もない。むしろゲノム研究は差別意識、優生思想などがいかにバカバカしいかを示すといってよい。

ゲノム解析については、ベンチャーによる特許取得問題を主とした経済競争や倫理問題などが断片的に伝えられている。しかし、「生命の世紀」といわれる二一世紀に、生きものの本質に合った価値観をもち、その中で科学や科学技術を進め、暮らしやすい社会をつくるための知識として活用するのでなければ、これだけの費用と人間を投入する意味はないと思う。

8　「ヒトクローン」――生命科学の本質を見誤ってはいけない

ヒトクローン誕生があるかもしれないという報道もあるなかで、気になるデータに接した。メディカル・ステューデント・コンファレンス（代表＝東京医科歯科大学・藤原武男氏）が、医療系学生約一〇〇〇人を対象に行った「クローンに関する意識調査」である。

まず、「クローン技術で人間を生みだすこと」については「好ましくない」という回答が七四・六％、「好ましくないとは思わない」が一三・二％、「わからない」が一一・八％である。二番目の回答は二重否定なので判断が難しいが、否定的態度が四分の三を占める。

ところが、「不妊治療を目的として、夫または妻の遺伝子を受け継ぐためにクローン技術を使うこと」という質問には、審査機関の承認などの制約下ならよしとする条件つきの回答を含めて、「認める」が五〇・五％となる。

体外受精は多くの問題をはらみながらも今や不妊治療技術として社会に受け入れられており、最近代理母での出産を求めた女性についての報道も好意的だった。学生はこれを日常医療の一つと受けとめているのだろう。医療系の学生といえども情報源のほとんどはテレビ、新聞であり、大学で議論する機会はほとんどないそうなので、クローンについて深く考えずに、「不妊治療ならよかろう」と反応したようだ。

そこでは、生物の長い歴史の中で登場した有性生殖のもつ意味が考慮されているようには思えない。二つの個体がもつゲノムが混じり合い、たった一つしかない新しい組み合わせの個体が生まれ、一人ひとりが新しい存在として生きることの意味だ。

受精なしの誕生はこの歴史を逆行させるもので、そこまで人間が手をつけてよいはずはない（家畜の場合は食物生産の手段として扱っているので、生物としての判断とは別だ。もちろんこれは人間の勝手としかいえないが、それはクローンに限ったことではない）。

もう一つ、「夫または妻の遺伝子」というところに反応したのではないかという点も気になる。私は、ある女性からの「老年になり、子どもをもたなかった私の遺伝子が残らないまま消えるのかと思うとつらい」という手紙にこう答えた。人は九九・九九％まで遺伝子を共有しており、さらには他の生物とも多くを共有している。それはすべて次世代につながっているわけで、遺伝子のよいところは、私の遺伝子というものはなく、空間としても時間としても全生物につながっていると思えることなのであると。

このように、最近の生物研究が、遺伝子や性について明らかにしてきたことを踏まえ、生きものとしての視点から人間をみるなら、おのずとクローンは無意味という答えが出る。しかし、産業や経済の活性化のための生命科学研究に多額の研究費が出され、そこに重点を置く研究者が増えた状況下では、学生にも生物研究の成果が、生きものを知り人間を知るためのものとして伝えられていないのではないだろうか。

現時点では人間のクローンに関し、世界的に禁止の方向が出されているが、これは倫理や法律の問題ではない。クローンに限らず生命科学のかかわる技術は、四〇億年近い歴史をもつ生きものの一つとしての人間がどのような存在かを見極め、それを大切にする暮らし方や医療を考えるところから出発する必要がある。

遺伝子やタンパク質を特許の材料にして儲けた人が勝ちというのが生命科学であるかのような雰囲気の中で育つ専門家が、望まれればクローンもつくりましょうとなることを恐れる。

9　軽んじられた「生命」考

二〇世紀後半の五〇年間を「生命」という切り口からみるとき、まず頭に浮かぶのは戦争だ。日本はこの間、憲法の下、直接戦争に加わることはなく、それは誇りとしてよいことだが、世界各地で絶えず起きていた戦いと無関係であったわけではない。戦いが、以前にも増して市民、とくに幼い子どもを巻きこむ様子をみるにつけ、「人は本質的に同種内で闘わずにはいられない生きものなのだろうか」というやるせない問いにぶつかる。甘いといわれようと、この世に生まれた小さな生命が理不尽な形で奪われることのない社会を求めていきたいと思う。

ある意味では戦争以上に悩みが深いのは、自然破壊という問題だ。この間の科学技術の進展にはめざましいものがあり、生活は便利になった。新幹線、高速道路、テレビ、コンピューター……。今や日常そのものとしてあるもののほとんどはこの五〇年間につくられたものだ。
技術によって支えられた経済成長がもたらした豊かさの象徴として忘れられない記憶がある。南極観測が始まったころの写真だ。日本基地では隊員が室内でも防寒着を身につけているのに、アメリカ基地では半袖のTシャツ姿だった。外にはドラム缶が山と積まれていた。その後、日本も石油に支えられた〝豊かな〟生活が可能になり、今では、夏にセーターを着て冬に半袖という逆転もそこここでみられる。

このような豊かさの追求が、実は「生命」を脅かすのだということに気づいたのが、一九七〇年代である。R・カーソンが『沈黙の春』で指摘したように、自然に存在する生命の力を活用してきた農業が工業化したための自然破壊が顕在化してきた。日本では水俣病に代表される環境汚染に悩まされた。それぞれ解決の努力がなされたが、大量生産・大量消費型の産業社会が進む限り、自然破壊はとどまることはなく、今や地球環境問題として、次世代に負の遺産を残す形になってしまっている。

一九七〇年代初め、私の恩師である江上不二夫先生は「生命科学」を始めた。人間も生きものであり、生態系の一員なのだから、自然破壊はそのまま人間生命への脅威である。これを避けるために生きものや人間を科学的に解明し、自然・生命・人間を基本にした社会づくりをし、その中で科学技術の開発も行なおうと提案されたのだ。これが生命科学のねらいだ。

幸い、地球上の全生物の基本物質であるＤＮＡ研究を中心に、細胞のはたらき、発生、免疫、がん、脳神経などという日常とつながる現象の解明が急展開した。今では、ヒトゲノムの構造解析にまで進んでいる。生命科学は順調に進展し、社会的にも認められ、国の科学技術予算の中でも最優先事項の一つになっている。

すばらしい、といいたいのだが、ことは簡単ではない。社会の価値観は、自然や生命に目を向けるどころか、金融経済の中での勝者になることを求めはじめたのだ。したがって、生命科学の研究成果は、外国に先立って特許をとり、医療、薬品などの産業振興に役立て、経済を活性化せよというかけ声の中に完全に取りこまれてしまった。医療の高度化により、多くの人が健康で長生きできることは望ましいが、人間の側からの発想がない。糖尿病の原因遺伝子を知り、それをもつ人に予防をよびかけるというが、若年糖尿病が増えている生活のありようを考え直すほうが効果的だろう。若者が、ファストフードでなく、安全・安心で栄養価の高い自国産の野菜をしっかり食べる食生活をする社会づくりを考えれば、日本の農業のあり方を考え直さざるをえないはずだ。そこに生命科学の成果を生かすことの重要さが忘れられているのだ。

生命科学研究は進んだが、生命について深く考えることは行なわれなかった。この五〇年をまとめるとこうなる。このままでよいはずはない。

私自身は、ゲノムの中に生きものの歴史と関係を読み取り、生きものが語ることに耳を傾けるという知をつくるところからやり直そうと考え、「生命誌（Biohistory）」を始めた。こうして生命そのものに向きあうと、今、日本の中でも最も具体的に効果的な作業は、可能な限りクリーンな農業で自らの食の基礎をつくり、里山を生かした地域の自然をつくりあげることだとみえてくる。

自殺や引きこもりが増えていることなど、昨今の生命にかかわる問題は、人間自身が自然の一部であり、生命あるものだということを忘れたなかで、外の自然だけでなく人間の内にある自然まで壊れているからではないだろうか。生命について考えるとは、生命溢れる外と内の自然の中で生きる暮しをつくることなのだ。そして、このような日常は、そのまま地球環境問題の解決に、次世代への正の遺産にとつながる。しかし、日常をしっかりつくり直すことほど難しいことはないのかもしれない。

II　生命誌の扉をひらく

はじめに

1　なにかが変わりつつある

数年前から、[*]「生命科学」の現状になにか物足りなさを感じはじめました。今、なにかが変わりつつあり、しかもその中では「生命」が中心的役割を果たしそうな予感がするのに、「生命科学」ではそれに応えられそうもないからです。〝科学〟という言葉に縛られて、専門家は決められた枠の中に閉じこもりがちですし、一方、専門外の人は興味津々なのに内容はあまり理解できずに、うさん臭そうな目でみている状況になっています。こんなに豊かな内容をもつ「生命」が充分ふくらまないというもどかしさが増すばかりなのです。生命について、生命の科学について、生命の科学と社会との間についてなんとかしたいと、あれこれ考えているうちに出てきた一つの答えが、生物学は本質的に博物誌なのではないか、ということでした。

＊『生命誌の扉をひらく』原著は、一九九〇年一二月の出版である。

物理的思考による科学の世界に仲間入りし、分子生物学としてみごとに体系づけられたかにみえる生物学です。でも、それで何がわかったかと問うと、日常生活の中で私たちが〝生きものらしさ〟と感じていることに対しての答えはほとんど出されていないことに気がつきます。研究の現状をみると、確かにすべての生物に共通な現象についての基本はほぼみえてきたといえます。けれども生物学は身の回りにいる多種多様な生きもののありようがわからなければなりませんので、これからは、ヒトではどうか、トリではどうかというところをこまかく問う研究が必要になってきます。

もちろん昔の博物誌に戻るのではなく、分子の世界を基本にしたこれまでの研究の延長上で多様性を考えるのです。そこで、再び博物誌の時代がくるという意味で、新博物誌という言葉を自分だけの用語として勝手につくり、新しい視点をとってみると、世の中全体がそのような方向を求めていることがみえてきました。普遍原理を求めたり、専門化するだけでなく多様性や日常性にも眼を向けることが求められているのです。

この他にもう一つ問題があります。科学が科学技術の中に吸収されてしまっていることがほとんど問題にされていないことです。生命についての科学が技術の基礎としてしか評価されないなどというありえないことになりつつあるのです。生きもののふしぎを知る知的活動としての科学……これは科学技術文明の中においても重要です。そう考えてくると、今生きているとはどういうことかを考える科学の影が薄くなっているために、本当に生命を大切にする社会ができていないのではないかと思えてきました。

科学者の社会的責任という言葉があるために、科学を科学として行なうことは、社会性のない行為のようにみられる傾向さえあります。「社会的責任」とは、ただ経済のための役に立つという判断にだけつながるのは、おかしいのではないでしょうか。技術一辺倒ではなく、豊かな知的行為としての科学を存在させることこそ大切なのではないか。積極的にそのような科学の存在を主張するべきではないだろうか。

そこで〝科学を文化として社会に根づかせる〟ということを考えはじめました。現在の大きな課題である地球環境問題もこのような視点から解決の道を探れるはずです。多様性や日常性は、ここでも重要な言葉です。それに加えて、思想性、科学技術の問題なども考えなければなりません。

このように、科学の内部と外部から出てきた疑問をもとに問題を整理しているうちにふと頭に浮んだのが「生命誌（バイオヒストリー）」という言葉でした。そして、この言葉を思いついたとたんに、なにが大事なのかということがみえてきたような気がしました。そして、世の中で起きているさまざまな変化と「生命」との結びつきもはっきりしてきたのです。単なるトレンドではなく、基本を踏まえたうえで、大事なものは大事としたうえで、上手に変化していくための一つの視点になるのではないかと思えてきました。

「生命誌」とはなんですか？　哲学書房の中野幹隆さんにそう聞かれて話しはじめたのがこの本です。話しているうちに、自分の中でこの言葉がどんどん育ち、動いていくものですから、全体としてまとまりの悪いものになっているかもしれません。まだ固まっていないものなのでお許し下さい。

2　「メンデルのわな」と「ワトソン＝クリックのわな」

「生命誌」という言葉を頭の中で転がしているうちにわかってきたことですが、「生命」を基本に考えていこうとしている者として最も大事にし発展させていきたいことがあります。少し大げさな表現になりますが、「メンデルのわな」と「ワトソン＝クリックのわな」です。詳しくは、本文中（第五章と第六章）にありますが、要は、遺伝子とDNAという現代生物学の基本をなす言葉、つまり概念がこの二つの「わな」の中にあり、その「わな」をはずさなければいけないということです。現代生物学を科学として成立させたのは、メンデルの遺伝子の概念とワトソン＝クリックのDNA二重らせん構造の発見といってよいでしょう。もう一つあげるとすればダーウィンの進化論でしょうか。

ところで、ダーウィンのほうは、彼が示した進化という概念や自然選択という考え方を基本的には認めながらも、学問の進歩に伴って、批判や改変の提案がなされています。なかでも集団遺伝学と分子生物学によって確かなものになった進化の中立説は、まさに学問の発展とともに既存の説を新しく展開した好例といえます。中立説はダーウィンの否定ではなく展開です。ところが、遺伝子とDNAについては、今もそのままの形で受け入れられています。

メンデルやワトソン＝クリックが間違っているのではありません。みごととしかいいようのない業績をあげ、考え方を出しています。しかし、現在の生物学の知識を基礎に生命誌という視点をとると、新しい見方が生まれ、そのようにみたほうが生命の本質を理解しやすいと思えるのです。

メンデルについては、「遺伝子→ゲノム」です。遺伝研究における問いは、なぜヒトの子はヒト、イヌの子はイヌなのだろうというところにあります。黒いイヌと白いイヌの子どもにブチが生まれるのはなぜか……これまではこのような問いで基礎を固めていくほかなかったのですが、そろそろなぜヒトはヒトなのかということが問えるようになりました。生命誌は、ヒトはどのようにしてヒトになってきたのかという歴史を追うことによってその解を探していきます。黒いイヌと白いイヌを比較するときは、個々の〝遺伝子〟が重要ですが、イヌはなぜイヌかを考えるには〝ゲノム〟を知らなければなりません。

自然界に存在する生きものを知りたいのならその基本を決めているのはゲノムです。遺伝子が一つだけ存在することはありません。半分だけできあがった生物が動きまわることもありません。ヒトという個体をまるごと生みだすか否か。大腸菌を一個生みだすか否か。そこにはゲノムのはたらきがあります。つまり、ゲノムとは何かを知ることが遺伝学の基本なのです。

ワトソン＝クリックの発見したＤＮＡの二重らせん構造の本質は、変化を忠実に複製することではないか、という見方をしたいのです。「科学」から「誌」に移行するとどうしてもそう思えます。多様性こそ生命体の特徴だとすれば、大切なのは複製ではなく変化を次につなげていくことでしょう。その変化が最終的に残るかどうかはさまざまな段階でチェックされて決まることですが、とにかく起きた変化は消さないことが重要です。これまで正確な複製だけが重要であり、ときには間違いも起きるといわれてきましたが、逆だったようです。ここでも大事なのは一つひとつの遺伝子ではなくゲノムになります。

このような見方をすると、分子生物学が、そしてDNAが、私たちの日常のレベルの生きものの遺伝や進化と結びついてきます。これは「生命誌」の基本をつくる、大事な仕事と考えています。

このように、バイオヒストリー、生命誌という視点をとると、これまでの生物学の成果を踏まえたうえで関係と、時間という、分子生物学になかった新しい切り口を取りこみ、総合的な生命像を描けるように思います。よく西欧は分析的で東洋は総合的と語られますが、そうではなく、これまでの科学と連続性をもちながらの転換、総合が可能になってきているのです。これから西欧も東洋も見渡して考えていきます。

実は、バイオヒストリーという造語が英語圏の人に理解していただけるかどうかが気になるところでした。ところが、これが、とてもよくわかってもらえるのです。こちらから内容を説明しないうちに、言葉から受けた印象を話して下さると、ほとんどが、的確なものなので、安心しました。しかも、これはとてもおもしろいといってくれます。

私は今、意識して、西欧近代文明にこだわって、その知を大事にしようとしています。でも、その心の底には、そこにこだわり続けることによって、東洋にある日本という場から総合的な知の発信ができるのではないか、という気持ちがあることも事実です。

文化としての科学とは、日常の中に溶けこみながら、私たちの生き方の基本に関わるものを提供し得るもののはずです。「生命誌」という入口の向こうに見えるさまざまな広がりを地道にゆっくりと探っていきたいと思います。

第一章　生命科学から生命誌へ

1　一九七〇年代の先見の明――生命科学

一九七〇年、これは恩師である江上不二夫先生から「生命科学」という言葉を初めてうかがった年です。そのときの印象は、「生命」と「科学」という言葉はなんだか相性が悪いなというものでした。生命といえば、連想ゲーム的に「神秘」が浮かびましたし、宗教や哲学が思い浮かべられます。一方「科学」からは分析、論理などを想起しましたから、「生命」は異質と感じたわけです。生命科学についての詳細は省きますが、基本はこういうことでした。「生命現象を解明し、それをもとに人間を理解する。さらに、その成果をよりよい社会づくりに応用する」。この短い言葉の中には、それまでの生物学にはないものがたくさん含まれています。大きく三つにまとめると次のようになります。

第一は、生物学を、生命とは何かという基本的な問いをする「科学」として位置づけたことです。科学の王道は物理学です。それは、自然の中に秘められている法則を探し、自然現象を統一的に説明する学問です。物理学を基本に生命を考えるには、分子、細胞、個体の発生、脳神経、環境、社会というように輪切りにした形で下から順に解明していくことになりますが、生命の世界には階層性があります。細胞は単に分子の集合ではないし、個体は細胞が集まっただけのものではありません。ここに着目していけば、動物か、植物かという生物による違いよりは、むしろ共通性の側から生命を統一的にみて、すべてを説明する解が出てくるだろうというのが生命科学です。このような考え方の背景には、もちろん分子生物学がありました。DNAという物質がすべての生物の基本物質として存在し、同じようなはたらき方をしていることは明らかなので、そこから普遍性、統一性を見いだして生命現象を解明していくという考え方は、科学としてはたいへん魅力的で、また成果の期待できるものです。

第二は、自然科学として、生物としての人間を視野に入れたことです。DNAを基本にしているということでは人間といえども同じです。しかも、生きものとしての人間はどういう存在か、これは、現代社会の中では重要な問いです。人間と自然の関係、科学技術のあり方などを問うにあたっては常に、生きものとしての人間から出発する必要があるからです。これはまた、学問的に人間を特別な存在としてとらえ、人間のみを対象としてきた医学や人類学、さらには心理学や社会学などの学問に影響を与え、それらに「人間も生きものの一員である」という事実に目を向けさせるという意味をもっています。学問の総合化というかけ声だけでなく、「生きものとしての人間」という接点によって、自然科学から人文・社会科学を結びつけるきっかけとなるといってよいでしょう。

第三は、「科学と社会」という意識の導入です。江上先生が、生命科学を発想した動機の一つに、当時の公害問題がありました。科学技術の中にまったく生物学の視点が入っていないことが問題だというのが先生のお考えでした。それまで、生物学はどちらかといえば趣味の学問、その成果を社会と結びつけて考える習慣はほとんどありませんでした。一方、社会の側も、生物学に対して、物理学や化学のように、役に立つことを期待していなかったように思います。

まさに学問の流れと時代の動きの両方に沿ったみごとな発想、それが生命科学だったといえます。

2　二〇年間の変化

それから二〇年。その歳月は、生命科学のねらいが間違っていなかったということを証明するものでした。ＤＮＡ研究を基盤にした生物研究の急速な進展、コンピューターなども含めて異分野との融合の広がり、科学技術のなかでの生物学の役割の拡大などはここで改めていうまでもありません。

ところで、このような変化をだれの目にもわかりやすくしたのは、なんといっても組換えＤＮＡ技術でしょう。この技術を使えば原理的には、「任意の生物の任意の遺伝子を取りだして解析したり、またそれを他の生物の中へ入れてはたらかせたりできる」のです。一般的には、ここからバイオテクノロジーが誕生し、特定の遺伝子を精製して有用物質をつくらせたり（ホルモンやアミノ酸など）、品種改良ができるようになったことで、この技術が評価されています。もちろん、それも事実ですが、この技術の意味は、それまで大腸菌（つまり原核単細胞生物）で行なわれてきた分子生物学を真核多細胞生物にまで広げたというところにあります。人間はもちろん真核多細胞生物の一種です。生命科学は人間を視野に入れたといっても、一九七〇年の時点では、実際にヒトの分子生物学的研究はできなかったのですが、組換え技術によって研究が進み、「ヒトゲノム・プロジェクト」といって、人間のもつ遺伝子の総体を分析しようというプロジェクトが生まれるまでになっているのです（二〇〇三年に解析はおおよそ完了）。

このようにして、DNA研究が急速な展開をした結果、生命についてどのようなことが解明され、生命に対する認識がどのように変化してきたかについては、『生命のストラテジー』†（松原謙一との共著）という本に詳しく書きました。同じ分子生物学という名前でよばれていても、二〇年前と現在では、そこからみえる生命の姿は、たいへん違っています。現在みえるもののほうが格段におもしろいのはいうまでもありません。

ここで提案したい「生命科学」から「生命誌」へという視点は、まさにこの変化を踏まえたものです。

3 「構造・しくみ」から「関係・流れ」へ

大腸菌を研究していた時代の分子生物学研究者の気持ちを代表する言葉としてよく引用されるものがあります。パスツール研究所の所長をつとめたノーベル賞受賞者でもあるJ・モノーの「大腸菌での真実は、ゾウでの真実でもある」です。「生命科学」の発想も、実は、この時代の分子生物学を背景に生まれたものです。けれども、多細胞生物のＤＮＡ研究が始まるとまもなく、それは大腸菌を複雑にしたものではないことがはっきりしました。この二〇年間の研究の結果、「ゾウの中には大腸菌と同じところもあるけれど、むしろ、生き方としては、まったく違う道を選択した」と考えられるようになりました。一つの生物の中のさまざまなＤＮＡ、さまざまな生物の中のＤＮＡが研究され、比較されるようになったおかげで、まず、ある生物体がもつ「遺伝子系」はどのようにしてできあがってきたのかという歴史がみえるようになったのです。さらには、さまざまな生物の間の関係もわかってきました。たとえば、エネルギー代謝の基本に関係する遺伝子を調べると、大腸菌、酵母、ハエ、トリ、マウス、サル、ヒト、イネ……つまり、あらゆる種類の生物で、たいへんよく似ていることがわかります。

生きていくために不可欠なはたらきをする酵素は、おそらく、生命が地球上に誕生して以来、あまり変わらずにあらゆる生物の中ではたらき続けてきたのでしょう。また私たち人間のＤＮＡの中にどうみてもウイルスとしか考えられない部分があり、長い歴史のどこかで入りこんだウイルスＤＮＡがそのままいついてしまったに違いないと思わせます。ＤＮＡの中には、生物が生きてきた歴史が書きこまれていることがはっきりしてきたのです。つまり、ＤＮＡの研究は、分析的な興味、つまり生物という構造体のつくりとしくみを解析するだけでなく、このような構造やしくみがどのようにしてできてきたのか、また、これほど多様な生物がどのようにして生じ、お互いはどのような関係にあるのか。そして、生命をつくりあげてきた原則のようなものがあるとしたら、それはどのようなものか。そのような問いに向かっています。

確かにDNA研究を基本にした分析的研究があげた成果にはすばらしいものがありますし、これからもこの研究は当分、生物学の主流を占めるでしょう。けれども同じDNA研究のもつ意味が少し変わってきたことにも注目すべきではないでしょうか。立花隆さんが、『精神と物質』†の中で、「生命科学は、生命現象をすべて物質間の反応に還元しようとしており、それに成功したら、人間という存在にはなんら特別な意味がなくなってしまう」と書いています。これは、多くの人の気持ちでしょう。立花さんの指摘は、生命科学研究者を還元論者としていますので、それでは、生命現象の研究の進歩は不安を感じさせるものとなって当然です。

しかし、そうではない。これはすでに述べた研究の現状をみれば、はっきりしています。今や、DNAを基本にした構造としくみの研究だけで生命が解明されるものではなく、DNAの中に書きこまれた歴史をそのまま読みとろうとする考え方が出てきています。生命の特徴は、やはり、それが多様な形で表現されていることなのです。イヌもバラも、基本の基本には同じ機構がはたらいているけれども、やはりイヌはイヌ、バラはバラである。根っこに同じものをもちながら、これほど多様な仲間がいるところに生命のおもしろさがあるのです。ですから、基本のメカニズムを解くと同時にさまざまな生物の中でのはたらきを比較するなどして多様性にも目を向ける生命研究の本来の姿にもどってきたのです。

一九四〇年代から、物理学的思考が入り、共通性や基本因子を求める生物学になり、それは一時期の成功を収めました。けれども要素を求めて分析に分析を重ねていっても、そこから生命の本質が取りだせるわけではありません。そのような機構をもつものがどのようにできあがってきたのか、その過程を追わなければならないのです。

「ヒトは何でできており、どのようにして動いているか」という問いとそれへの答えは、確かに興味深いものであり、また役に立つ情報も与えてくれます。しかし、私たちが本当に知りたいのは、「ヒトはどこから来てどこへ行くのか」とか、「ヒトはなぜヒトであってサルではないのか」という問いではないでしょうか。今、DNA研究がそのような問いへの答えを求めるようになってきたのです。ヒトの構造としくみを解くことだけを考える物理的思考から、生物的思考への転換といえます。ところで、ここで興味深いのは、物理学自身が少し変化していると感じられることです。門外漢の勝手な思いこみかもしれませんが。

東京大学（名誉教授）の佐藤勝彦さんのお話を聞いて大きな刺激を受けました。宇宙物理学者の佐藤さんは、量子論を専攻し、宇宙に存在する「四つの力」*を統一的に考えられる理論を打ちたてようと研究を始めました。これらの力は、お互いに力の進化の過程ででてきた姿と考えられることがわかり、それをつき詰めて考えているうちにどうしても、宇宙はどのようにして生まれたかを考えなければならなくなったとおっしゃいます。そして、量子論と、相対性理論を駆使して宇宙の生成を解いた結果、「宇宙は無から生まれた」「宇宙は無限に存在する」という結論に到達したというのです。

＊宇宙に存在する力は四種類に集約されるという。「重力」、「電磁気力」、原子核が崩壊する原因となる「弱い力」、陽子や中性子を結びつける「強い力」。

私にはこの結論を云々する能力はありません。正しいか正しくないか、それは、物理学の中で評価が決まっていくでしょう。ただ、私がたいへんに興味をもったのは、量子の世界をとことんつき詰めていったら、宇宙はどのようにできてきたのかという問いにつながったということです。生物研究が、物理的思考の分子生物学を踏まえて再び新しい生物的思考へと移りつつあるといいましたが、実はそれは生物研究に限ったことではなく、科学の問いが、「宇宙はどこから来てどこへ行くのか」「この宇宙はなぜこのような存在であって、他の宇宙ではないのか」

というような問いになってきたのです。

佐藤さんはお話の途中、何度も何度も「僕が興味をもつのは相対性理論と量子論。宗教や哲学ではない」とおっしゃいました。徹底的に物理学の問いを追究したら、無や無限という解答が出たことへのとまどいと、新しい物理の展開への期待とが感じられる、いかにも科学者らしい様子が印象的でした。

生物のあるがままの姿に興味をもち、生物たちの相互関係や歴史へと関心を広げてきた知の分野として、博物誌（Natural History）があります。今、ＤＮＡという共通の要をつかんだうえで、そこから多様にのびている生物界に好奇心を向ける研究を、博物誌を踏まえた新しい知として生命誌（Biohistory）と名づけられないでしょうか。生命誌は、ＤＮＡの中に書きこまれた歴史を読みとりながら、生命ってなんだろう、人間とは何か、と問うていく分野です。このように問うということは、単に問いが変わるだけではなく、生命研究には不可欠でありながら最近の生物研究の中では失われがちだった時間への関心、物語性、思想性、日常性などをとりもどすことになります。生きものの研究は「生命科学」ではなく「生命誌」として考えたいという気持ちが今強くなっています。

4　生命を基本とする社会

DNA研究を基盤としながら、その研究のもつ意味を違ったものにする、「生命科学」から「生命誌」への転換は、この分野の社会との関係にも変化をもたらします。前にも述べましたが生命科学の特徴は、「科学と社会」という項目をたてたところにあります。ここで考えられるべき具体的課題は何か。あまりきちんと考えないうちに、組換えDNA技術が誕生し、バイオテクノロジーが生まれるなど、事態は急速に動きはじめました。社会の中では、生命科学は、生命を分析的、還元論的にとらえる分野という前提のもとに、生命科学と社会という議論が始まってしまったのです。バイオテクノロジーについても、その本当の意味は、これまでの技術がもっていた、物質的豊かさを追い、自然から略奪するという性質をどれだけ変えられるかという興味深いテーマを追うことでした。生命科学誕生のきっかけにはいわゆる公害問題があったのですから、生物を基本にする技術体系をつくり、科学技術文明の見直しをしようというのがそのねらいでした。

けれども、ちょうど先端技術の求められていたときでもあり、バイオテクノロジーはその一つとして位置づけられることになりました。もちろんそれがすべていけないこととはいえません。従来の技術では到底できなかったヒトのホルモンを薬品として提供できること、作物の品種改良が効率的にできることは、技術として高く評価できるものです。しかし、そのために生命科学と社会という課題の最大のテーマは、バイオテクノロジーでどのような産業が生まれるかという技術への期待になってしまいました。

一方で、組換えＤＮＡ技術については、自然界にない生物を生みだすという危険はないか、また生命体を操作することに倫理的問題があるのではないかという疑念が強く出されました。これは、科学と社会というテーマの中では、これまでにない興味深いものでした。私もこの中で仕事をし、新しいことをいろいろ学びました。ガイドラインをつくって、安全性に充分配慮をしながら技術を進展させるというしくみをつくり、それを円滑に動かせるようにすることもやりました。新しい事態が発生すればそれに応じてガイドラインやその活用のしかたを変更していくという柔軟性があり、科学研究とその応用の社会への導入の方法としてみごとなシステムづくりだったといってよいでしょう。しかし、実態には問題があります。新しい街づくりのためのバイオテクノロジーの誘致がさかんにいわれる一方で、生命科学の研究所建設には、地元から大反対の声があがる状態になり、研究者がその対応に苦労するという矛盾した状況が、あちらこちらでみられるのです。これはおかしな話です。

まず、生命の研究は前に述べたような変化をしようとしているのに、それを社会に伝えていないために、あいかわらず「生命科学は、生きものをバラバラにして、物質として理解し、人間までつまらないものにしてしまう分野」と受けとめられていることです。そのためもあるのでしょうか、たとえば生命倫理という問題での話し合いは、いつまでたっても平行線、科学者のいうことはうさんくさいという先入観が常にあって、それを聞き入れたら危ないぞという見方は少しも変わらないのです。「科学と社会」といいながら、その周辺の技術と倫理だけが扱われていて「科学」はなおざりにされている……これがいけないのではないかと思いはじめました。「生命とは何か」を真剣に考えている生命の科学の最前線を社会の中に置くことが最も重要なことなのです。

しかも、社会の側でも、これまでにないさまざまな変化が起きており、それらは「生命」という言葉が、次の時代のキーワードになるにちがいないと直観させるものと受け止めたいと思っています。

このところあらゆる秩序や価値や倫理が壊れて、これまでよりどころとしてであれ否定の対象としてであれ、ともかく確固として存在したイデオロギーや国家の権威があやしくなりました。それは人間としての本音で大事なものを求める行動が基本になる兆しかもしれません。「自由、平等、博愛」という二〇〇〇年前のだれにでもわかる人間解放のスローガンが、実は少しも人間の精神と思考に根づいていなかったことがはっきりして、国際政治としての戦略や戦術のなかで口にするといささか陳腐にみえたこの言葉を基本に社会を考えてみようという時代になったととらえたいと思います。フランス革命のときの「自由、平等、博愛」はあくまでフランス人のためのものだったわけですが、今はそれは地球の住民すべてのためのものであるのはいうまでもないことです。ここではっきりしておきたいのは、地球の住民といったときに、それは必ずしも人間だけを意味しないということです。もちろん、だからといってアリと人間を並べて、同じように自由や平等を語ろうなどというのではありません。アリにとっては余計なお世話かもしれませんし。

ただ自由、平等を考えるとき、フランス人だ、日本人だ、という特定の人だけが頭の中にあるのでないのはもちろん、地球上の人間全部というだけでなく、花もイヌも対象となる時代になっていると思うのです。それは、「生きる」ことを真っ向から考えることであり、基本にあるのは、「生命」という概念のほかにないわけでしょう。基本理念として「生命」という問題をしっかり考える必要がある社会になっているのです。これはとてもすばらしいことです。人間としての本音が語れるわけですから。これまでは、「正論では世の中動きませんよ」といわれてきた考え方が生かされる可能性があるわけですから。しかも「生命」という問題は、基本理念だけでなく日常でも重要になっています。医療、教育、食べもの、環境、その他もろもろ、なんだかおかしいことが山ほどあります。それは生命という言葉に戻ることになる問題ばかりです。

基本理念と日常性。この二つから出てきた「生命」という課題についてどんな切り口で考えていくかが課題です。思弁的議論だけではだめで――もちろん哲学の議論は必要――「科学」が無縁ではありません。無縁ではないどころか科学は決定的に重要な切り口になると思われます。

生命とは何かを考えるための素材を提供するにしても、日常的な問題を解決していくにしても、科学が、かなり大事な切り口になるはずです。そのときに、生命の科学が、ただ、細胞をこわしたり、DNAを切り刻んだりしているものであってよいはずがありません。「生命」とは何かを考えながら研究する知でなくては、社会の要求に応えられません。幸い、DNA研究も生命はどのようにしてできてきたのか、相互にどのような関係があるのかを語れるときにきています。しかもそれは、単に試験管の中のできごととしてではなく、身近にいるさまざまな生きもののこととして考えられるようになりました。ちょうど社会の要求と学問の進歩とが合致しているといっても過言ではありません。「生命誌」は、その合致を求めて提案する知なのです。

第二章　人間と自然の関係

1　自然の「日常的理解」と「科学的理解」

科学の進歩と社会の要求が合致したなどと大げさなことをいいました。私の中ではそう思いこんでいますが、まだ、思いこみ的なところがあるかもしれません。もう少し説得力をだすために、生命科学の中で「科学と社会」という部分を担当し、その間の生物学の研究の進歩こそおもしろいと思いながら、具体的には技術と倫理というところでしか接点が見つからない状況に疑問をもちつづけてきた間に考えたことのいくつかを述べてみたいと思います。

一つは「生命科学と社会」の接点として考えなければならない最も重要な課題は、人間と自然の関係だということがますます明確になってきているということです。地球環境問題は、その典型でしょう。今やだれもがこの問題を考えざるをえなくなってきました。これをなんとか解決したい。そのために、国際会議が開かれ、対策が考えられています。そのなかで、当面の対策と同時に必ず出されるのが、地球に関する知識が不足しているという意見です。確かに、科学的知識とそれを基本にした技術は急速に進歩しているといいながら、地球、自然となると皆目わからないというのが実感です。そこで国際的な協力のもと、研究を進めようという動きが出ており、日本では通産省が一〇〇年計画を提案しています。この動きを否定するつもりはありません。地球を科学的に理解するのはたいへんなことだと認識し、それなら一〇〇年という長期の構えでじっくり調べようというのは悪くないと思います。

しかし、自然の科学的理解をゴリゴリ進めていけば万事解決かといえばそうではないでしょう。あたりまえのことですが、日常の中で自然と触れあったときに生まれる一体感は、理屈抜きのものです。人間が生きものであり、自然の一部なのですから、自然との一体感をもつのは当然でしょう。この、日常的な自然の理解と科学的な理解、この二つを分離し、科学的理解の不足をなくそうとだけ努めても、ことは解決しないでしょう。しかも、現在の「科学的理解」

はそのまま自然の征服や利用につながります。地球環境問題を解決するには、科学と日常を分離しておいて、科学を進めるというのではなく、この二つを結びつける自然の総合的な理解を求めなければなりません。

総合的な理解が進めば「自然との共生」ができるでしょう。ただこの「共生」という言葉がまた難しい。ただ「自然との共生をはからねばなりません」といって文を終えるだけならたやすいことで、耳に心地よいこの言葉は多用されています。けれども「共生」とは何か、それを実現するにはどうしたらよいかはまだきちんとは語られていません。

2 「生命」と「共生」に着目して

「生命」と「共生」をキーワードにして、自然の総合的な理解を得るにはどうしたらよいか。生命科学の中での「科学と社会」という分野が抱える大きなテーマです。これまでにもさまざまな方向性が出されています。

第一に、「自然との調和を求めて」「地球にやさしい技術」というように、科学と科学技術ですべてを解決しようという考え方です。これは現在の科学の基本に自然征服の考えがあるのでは答えにはなりません（第一段階として、科学技術をこのような方向に転換していくことは重要ですが、これだけでは最終解決にはならないという意味です）。

第二に、日常と科学を結びつけるには、日常性から出発しようという考え方です。緑を見て心が休まる、夕日をきれいだと思う、というだれもがもっている自然に接したときに抱く感動を出発点にして、それを科学的理解にまで深めていく方法です。これは確かに重要な視点です。生物でいえば、ファーブルの『昆虫記†』はその典型であり、現代には動物行動学者K・ローレンツ†がいます。しかし、このような自然理解、生物理解は、人間が自然の一員として生きるという面だけから見た「共生」の方向は見せてくれても、現在のような科学技術を活用した生き方をしながらなお「共生」するための方法を教えてはくれません。子どもたちにローレンツの生き方を見せ、自然と親しむ機会をつくる教育を行なうことは、たいへん重要だと思います。私がこの方向で解答を求めようとしている「生命誌」の中でもこのような教育は重要なものとして位置づけています。しかし、ここからだけでは、科学技術に対する積極的な発言ができにくいので、これでは完全な解答にはなりません。

第三が「エコロジー」です。これが非常に重要な視点であることはいうまでもありません。一九七〇年代、人間、自然、科学技術の関係を考えようとして、江上先生が「生命科学」を提唱なさったのと同じころ、同じ問題意識からエコロジーが注目されました。人間を生態系の一員として位置づけるこの見方は、人間が生態系を破壊しつつあり、しかもそれはもしかしたら修復不可能なところまで進んでしまっているかもしれないという認識から生まれたものです。破壊の元凶は科学技術です。しかも、核兵器のように明らかに破壊的なものだけでなく、日常生活を豊かに楽しいものにしようとみんなで開発に努力してきた技術が問題なのですから、ことは深刻です。そこでまず、科学技術否定の考え方が出されましたが、それが現実的でないことはすぐわかります。そこで、エコロジカルな視点から科学技術を見直すという方向での模索が始まったのです。「エコロジカル」な動きのなかにもいくつかの流れがあります。

一つは生態学者、まさに本家エコロジーからの提言です。私も宮脇昭、吉良龍夫、沼田真などの諸先生から生態学の考え方を教えていただきました。この立場から最も重要とされるのは地球上の植物の存在、その土地の風土に合った植生が存在していることが生物の生存の基本であるという主張は説得力があります。生態系を支える基本は、第一次生産者である植物です。今、地球環境問題の中で、熱帯雨林の破壊が大きな話題になっていますが、地球全体の生態系を支える存在としての熱帯雨林の重要性を改めて認識しなければならないほど危機的状況になっているということでしょう。二酸化炭素の増加による地球の温暖化との関連でも森林の重要性は再確認されています。今、生態学者は国際的なプログラムを組んで生態系を知る研究を進めており、森林のはたらきなど生態系のすべてについてさらに詳細に具体的な報告が出されるでしょう。その結果を待つまでもなく、森林を経済性からだけみるのではなく、生態系の基本として位置づけていくことは、今すぐにでも始めるべきことです（「生命誌」ではこれを重要な作業と考えます）。

「エコロジカル」な視点として、本来の生態学とは違い、物理学を基盤にした主張が出されています。その特徴は、「開放系」という見方をすることです。開放系と聞けばすぐに思いだすのがE・シュレーディンガーです。一九四五年に『生命とは何か†』を著したシュレーディンガーは生命系の特徴を、当時新しく登場した「エントロピー」という言葉を使って説明しました。物理学者の目でみると、生命系はふしぎな存在です。通常の系は放置しておけばエントロピーが増大するもの、簡単にいえば秩序が失われるものです。ところが、生物は秩序をつくりだしていく。そこにはどんな秘密があるのか。これが物理学者シュレーディンガーの興味でした。この問題は今では生命系が閉じたものではなく開放系だということで解答が出されています。

たとえば私たちは栄養源として糖を食べ、それを利用して運動をしたり体をつくったりした結果、二酸化炭素を吐き出しますが、糖に比べると二酸化炭素はエントロピーが大きいのです。

つまり生命系はエントロピーを棄てることで自分の秩序を保っているわけです。このようにエントロピーの流れに注目するのが物理学的なエコロジカルな視点の特徴です。個々の生物だけでなく生態系としても開放系であるので、地球を生きている系とみることができます。この見方は、人間の技術もこの開放系に入るものでなければならないという考え方につながり、文明観の転換を示しています。

ただ、この考え方は生命からの視点といいながら、その生命系はどのような存在かということを物理量の流れでしかみていません。菜の花にはモンシロチョウ、アゲハチョウはミカン科にしか卵を生みつけないという個々の生物の世界は、ここには出てきません。現代科学技術文明への批判という立場からは興味深く、また意味のある主張だと思いますが、「生命」という立場からみると、物足りないのです。「場」をキーワードにするなら、生命っていったいどういう存在なのだという問いにこだわって答えを探さなければなりません。

「エコロジカル」の仲間に入る視点として注目されているものに、「ガイアモデル」がありまず。NASAの宇宙計画に参加したことによって「地球」に注目したJ・ラヴロックが提案したものです。詳細は省きますが、ラヴロックは、生物体の共生でできあがっている生態系が地球の大気や気象をもつくりだしたといってもよい、地球は生態系によってつくりあげられている生きた星なのだといいます。確かに現在の大気中に二〇％も存在し、生物の生存に重要な役割を果たしている酸素は、植物の光合成の結果生じたもので、またそれにより生物の生き方が変化するという相互作用がみられることは事実です。

ここでは、共生ということがお互いに変化を引きだしながらダイナミックに変化していく姿としてとらえられているところが特徴で、まさに共生とはこういうものだろうと思います。ただこれも、「生命体」とはどういう存在かという具体を問う姿勢に欠けるところがあります。これまでに出された考え方は生命という方向をみている点で今必要なことです。けれども、一つひとつの生きものをよく見て、生きものとはなんだろうと問いながら考えていく姿勢をとらなければ、現在の科学技術文明を変えていくのは難しいと思うのです。

3　ミクロと進化という視点

人間と自然の関係を考えると、今や人間は自然を征服し、利用するものという単純な構図は成り立たなくなっており、改めて自然の中にどのように人間を位置づけるかということを考える必要が出てきました。そこで拾いあげたのが「共生」という概念です。そしてとくにエコロジカルな視点からのいくつかの主張を評価してきました。いずれも、現代科学技術文明の見直しを求める重要な考え方であることはわかるのですが、「生命」から出発したいと考えると、どこか不満が残ります。「生命」の特徴は、エントロピーの流れやフィードバック系だけではない。それは確かに生命のもつ性質をとらえてはいるけれど、生命にとってもっと大切な視点を無視しているという不満です。

そこで、今最も魅力的な考え方を提供している人として浮かびあがってくるのはL・マルグリスです。ややミーハー的に彼女を紹介するなら『コスモス』†や『核の冬』†でおなじみの宇宙科学者C・セーガンの元夫人で、とくに『コスモス』の生物に関する部分はマルグリスに負うところが大きかったといわれます。ボストン大学で進化学の研究をする気鋭の女性科学者です。

マルグリスの考え方を紹介します。

「三五億年前*、この地球上に誕生したのは、現存の生物でいえば細菌に最も近い原核生物だっただろう。人間を含む高等生物も、もとは、これら原核生物から生まれ、途中でさまざまな能力を獲得してきたけれど、今もその生命は微生物に支えられているといってもさしつかえない。人間が絶えたからといって微生物にはなんの影響もないが、微生物なしでの人間の存在はありえない。事実、人間の体は一〇〇兆**近い細胞でできているといわれるが、その一〇〇〇倍近い細菌が体内に存在しているのだ。もちろん生態系を支えているのも彼らだ」というのが彼女の基本的な考えです。彼女は、微生物や細胞に生命の基本を探ります。

＊生命の起源はまだ解明されていませんが、近年、三八億年前には生命体が存在していたと考えられるようになっています。

＊＊近年、三七兆個とされている。

マルグリスは、動物細胞、植物細胞の中にあって、エネルギー生産や光合成を行なっているミトコンドリアと葉緑体が実は大きな細胞の中に入りこんだ共生細菌であるという説を出しました。当初この説は疑いをもたれていましたが、ＤＮＡの分析が進んでみると、ミトコンドリアと葉緑体のＤＮＡは細胞の染色体のＤＮＡとは違った性質をもち、むしろ細菌のものに近いことがわかってきました。たとえば、イントロンという、遺伝子の中に存在しながら、はたらきをもっていない部分は、動物や植物細胞のＤＮＡの中には存在するのですが、細菌の中にはないことがわかっています。ミトコンドリアや葉緑体のＤＮＡにもイントロンがありません。つまり、生命体はそもそも細胞の段階から「共生」によって可能性を広げてきた存在なのだということになります。生命体にとって「共生」のもつ重みがぐんと増した感があります。

そして今マルグリスは、エネルギー生産、光合成の能力を獲得した細胞の中に、さらに運動という能力が追加されたのはスピロヘータ（毛のような細長い形でねじれて動き、微生物の中では最も動きが速いとされているもの。梅毒菌が一例）が共生したからだという説を出しています。運動に関係する鞭毛、せん毛などを切断すると、その断面があらゆる生物で驚くほど似ていることは以前からわかっています。人間の鼻や喉に生えていて外部から入りこむゴミを追い出しているせん毛、牛の精子の尾、それにイチョウの精子の尾、ゾウリムシのせん毛……これらを切ってみるとちょうどキウイの輪切りか電話のダイヤルのように見えます。真ん中に二本、周囲に九本の微小管とよばれる管でできているので、だれの目にも同じとわかります。これが元はスピロヘータだったというわけです。

マルグリスはさらに大胆に、神経管もこのような微小管の集まりなので、脳はスピロヘータの共生によって生じた器官だといいます。この説は、ミトコンドリアや葉緑体のようには人々に受け入れられてはいませんが、とにかく「共生」によって生命体は大きな進化をしていったのだというマルグリスの考えからは、このような説が登場するわけです。脳がスピロヘータといわれると、なんだか頭がムズムズしますが、先ほど述べた「九プラス二構造」とよばれている管の構造があらゆる生物に見られることは確かであり、これに共通の祖先を考えるのはそれほど不自然ではありません。今後の研究と議論が必要です。

彼女はすべてを「共生」で語ろうとしているようにみえますが、その興味は現存の生物はどのようにしてできてきたか、お互いがどのような関係にあるか、どのようなメカニズムで動いているかというところにあり、それを解いてみたら「共生」という言葉が浮かびあがってきたということでしょう。つまり「生命」とはどのような存在かという問いに真っ向から答えようとしており、これまでの「エコロジー」にはみられなかったミクロの世界をみる目があります。ですから生命科学が基盤にしているDNA研究を中心にした生命現象の研究との接点があります。しかもそれは、生物学にとっての重要な視点である進化という問題をも扱っています。

マルグリスの考えは、セーガンとの間に生まれた息子と一緒に著した『ミクロコスモス――生命と進化[†]』という本に詳しく述べられています。

4　生命誌という考え方

第一章では、DNA研究が真核多細胞生物を対象にするようになって以来、「構造としくみ」から「関係と流れ」へ移っていったことを述べ、「生命科学」から「生命誌」という考え方に変化していると書きました。それがうまく伝えられないために、「科学と社会」という問題が本来の科学の問題にならずにいることのもどかしさから、人間と自然の関係を考えてみました。その中で紹介したマルグリスの考え方は「生命誌」に非常に近いものです。彼女は「細胞」から出発しており、著書名からもわかるように微生物に重きを置いています。「生命誌」は細胞がもっている「ゲノム（DNAの総体）」に注目し、それがもっている性質を解きあかすことによって、進化を考え、生物相互の関係を考えようとするものです。

私は『生命のストラテジー』にも書いたように、原核生物と真核生物という二つの生物のもっているゲノムのあり方が非常に違うこと、しかもその一見まったく違う方向を選んで進化をしているように見える二種類の生物が、無関係でなく、相互に密接に関連して生きていることに興味をそそられます。マルグリスのいうようにここに基本的共生がみられるのです。その後、人間をも含む多細胞生物の選んだ戦略をみると、生きものの生きものらしさがみえてくるに違いありません。

マルグリスの考え方と「生命誌」の最大の共通点は、人間は歴史の産物だということです。彼女は「人間の個性は忘れてしまった幼年時代に決まるというが、人間性とその歴史を理解するにはわれわれの細胞の過去にさかのぼらなければならない」といいます。人間性を細胞にまで戻って語ろうとまではいいませんが、人間と自然との関係を語るには「生命の歴史」という観点が不可欠です。エコロジーでは生態系を問題にし、自然保護という言葉を使います。けれども保護すべき自然は何か、となると難しくなります。現状維持をよしとするわけではないでしょう。生態系はダイナミックなものだということはだれもが認めるところですから。

しかし、現在の科学技術のように、生態系の総合的な理解なしに、人間だけに目を向けていると、本来生態系がもっているダイナミズムをも壊してしまうことになりかねないことは今やだれもが知っていることです。生態系のもつダイナミズムを知るには……これまで三八億年もの長い間さまざまな形で生きてきた生きものたちの姿を追ってみる。そしてそれらが相互にどのような関係をもってきたのかをみてみる。それ以外に答えはないのではないでしょうか。その間には、ラヴロックやマルグリスがいうように生物の力によって地球の環境が大きく変化したという歴史もあるのです。

生命現象の理解を基本とし、あらゆる生きものの関係に目を向け、長い歴史を追う。そこから生命が語ってくれる物語を読みとろうという作業は、人間と自然という課題からも浮かびあがってくるものなのです。人間をたくさんの生きものの中に、そして長い歴史の中に置くことによって見えてくるもの、それを読みとりたいと思います。

第三章　文化としての科学

1　平山郁夫コンテスト

生命科学の中で「科学と社会」という問題を、生命を主体とする自然の理解の観点から取りあげようとしたところ、そこからも「生命誌」という考え方が出てきました。それは、社会の中に、生命ってなんだろうと考える場があってよいということです。また、現在、生命の科学の中でわかっていることを人間と自然の関係という問題に関心をもっている多くの人と共有する必要性ともいえます。「科学と社会」というテーマで科学の周囲にある技術や倫理を扱うだけではなく、科学そのものを社会に根づかせることが大事になっているのです。

「科学と社会」について、科学そのものの社会での位置づけという面から検討したいと思います。

実は、「生命誌」に思いいたったもう一つのきっかけは、あるとき「科学を文化にしたい」と思ったことでした。

文化とは何か。これを考えはじめたらまたたいへんです。それほど深く考えたわけではありません。非常に単純なことです。あるときニュースで「平山郁夫コンテスト」についての報道がありました（一九九〇年一月一二日）。これは内戦が続くレバノンへの援助なのですが、政治や軍事とは無関係なのはもちろんです。内戦状態の中でも文化は存在するので、その文化を応援することによって平和への道を求めていこうという発想で行なわれたコンテストです。平山郁夫、江上波夫、中山素平、大来佐武郎、秦野章という興味深い組み合わせの方たちが、レバノンを文化で応援しようとおっしゃるのです。そこでまず平山郁夫さんが中心になって、レバノンの人たちの写真や絵の作品のコンテストを行なったのだそうです。来年は江上波夫さんが中心になって遺跡の発掘を行なう計画を立てていらっしゃるとのことでした。

文化で応援するという姿勢は、日本としてとても大切なことであり、戦争状態の場に文化をもっていらしたのが印象的でした。どんなに激しい戦争の中でも、人間は文化を失ってしまうことはないということを示し、それを応援することこそ人間の行為だとする意志表示がありま す。ただ、ここで文化として取りあげられたものは、絵、音楽、考古学など多彩でありながら、その中に科学はありませんでした。日本では科学は文化として認知されていないことを示していま す。しかも、戦争の中で科学を考えたら、それは直接戦いのための道具と受けとめられ、科学での応援は、音楽や絵とは違う意味をもってしまうでしょう。今や科学はそういうものなのです。

技術や経済と、切っても切り離せなくなっている現在の科学の存在状態は充分認めたうえでなお、絵や音楽と並ぶ文化としての科学を考えたいと思います。人々の心を豊かにするものとしての科学です。たとえば、生命について、哲学などの異分野と行き来のできる総合的な知として文化の仲間入りをする科学は、社会にとって必要です。

2　生きもののふしぎに手がとどく

改めていうまでもないことですが、現在の科学は日本で生まれたものではありません。西洋で誕生し、明治の初め、産業振興、富国強兵を目標とした技術を育てるために、日本が取り入れたのです。科学史によれば、当時は、西洋でも科学の中で物理、化学などと分科が起こり、科学者という専門家が社会で認知され、また技術の基礎として威力を発揮しはじめていた時期であり、まさに日本のねらいには打ってつけの状況にあったことがわかります。そして日本は、みごとにそれを活用し、今では世界の中でも最新の科学技術を駆使して、良質の工業製品を生産する国になりました。開発途上国、とくにアジアの国からすばらしいお手本とされるだけでなく、イギリスやフランスなど、ヨーロッパの国、つまり日本が科学のお手本としてきた国の人々からも高く評価されています。

これは、日本人として誇りにしてよいことですが、一方、今後科学や技術をどのように、またどんな方向に進めていったらよいか、これを自分で考えなければならない事態になっています。

その理由の一つは、これまでは欧米というお手本があったけれど、それが消えはじめたことです。とくに基礎科学については、これまでは欧米で行なわれているものを取りいれ、そこからの応用に能力を発揮できましたが、もはやそれではすみません。日本も基礎科学で応分の寄与をするのは当然なのです。

第二に、科学技術の方向が、これまでの延長だけでは対応しきれなくなっていることがあげられます。人間と自然との関係を踏まえたうえで、どのような技術をもつべきか。根本から考えなければならない状況になっています。基礎科学を振興しなければならないという、意味を考えると、それは単に、応用を生み出させるポテンシャルとしての基礎科学だけではすみません。人間と自然との関係を考えるところから始まるものでなければなりません。それどころか、日本が輸入したころの分科してしまった科学ではなく、時代をさかのぼって本来のサイエンスという言葉の意味にもどった、より総合的な知でなければならないのではないか。私はそう考えます。それは、自然の分析を越え、自然をどのようにみるかという問いです。

文化とは何かという難しい定義は抜きにして、それは、思想を含んだ総合的な知でありながら、しかも日常的なもの、というのが、私がここで文化という言葉で表現していることです。科学を日常のものとして楽しむ。その結果心が豊かになる。生命の科学についてはその気にさえなれば、これは比較的容易であり、しかも今ちょうどそれができる状況にあると思います。

まず、日常性について考えてみます。

「生命」というと面倒ですが、生きもの。これは人間の関心の対象として他に比べるもののないほど魅力的なものです。ムシと一日じゅう遊んだり、大事に草花を育てたり、捨てネコを拾ってきてお母さんに叱られながらも結局飼ってもらうことになったり。今、子どもたちが自然と接することが少なくなったといわれながらも、身近ではこんなことが起きています。生物学の基本は、このおもしろい対象を調べてみたいというところにあります。そこから入って細胞やDNAにまで進んだ研究なのですが、ここまでくると、科学者という特別な職業の人が扱う、生命科学という特別な分野になってしまいました。そして、確かにここ数十年は、生命研究のまなざしは、生命現象の基本を統一的に説明しようという方向に進んでおり、イヌはどうした、カブトムシはどうだという日常的な関心とはかけ離れた世界を形づくってきました。

しかし、何度もくり返しているように、最近ではまた、基本は同じなのに、なんでこんなに多様な生きものがいるのかというふしぎさが重視されてきています。しかも、これから一番おもしろい分野になると思われるのは発生……つまり一個の細胞である卵からヒヨコやオタマジャクシが生まれてくるところと脳神経……生きものたちがなにかを記憶したり学習したりする過程の研究です。こうなると、最先端の科学者の疑問は、幼稚園の子どもの問いとまったく同じになります。

今こそ、日常的な生きもののふしぎが、やっと科学の手の届くところにきたのです。これからがおもしろい。まさにそんな時期です。生物についての基本的な問いをしていくこの時期に、社会の中にそれを楽しむ気分をつくりあげていきたい。これが文化としての科学です。

このような気分を育てていくには、それなりのしかけが必要です。経済的にゆとりの出てきた日本の中で、企業の文化活動も少しずつ活発になりつつあります。音楽ホールや美術館。スポーツを含むさまざまなイヴェントの企画。そこには、まだまだ〝経済〟という色はついていますけれど、それをうるさくいってせっかくのこの動きに水をさす必要はないでしょう。ただ、この中に「科学」がほとんど登場しないのは、ちょっと寂しい気がします。レバノンの例でもみられるように、科学の側に、すっきりと「文化です」といえないところがあるからでしょうが、それ以上に、文化の中に科学を入れようという発想がまったくないのだろうと思います。そう科学といえば、役に立ちますか、立ちませんかと判断されるものにされてしまうのです。そういわずに、企業の文化活動の中に科学も入れていただけませんか。音楽と同じように心が豊かになるものとして社会に科学を定着させることって必要だと思いませんか。「生命誌」を提唱している者として、こうお願いしたいと思います。ただそれには科学の側にしかけが必要です。それが容易ではない……ここが、問題です。

まず、科学となると受けとる側は勉強、送る側は啓蒙、となります。文化ですから、音楽と比べてみます。音楽にも、かつては〝お勉強〟という雰囲気がなきにしもあらずでしたが、今では、好きな人が好きなように楽しむものになりました。受けとるだけでなく自分で演奏したり歌ったり、それも自分だけで楽しむのでは飽き足らなくなってバンドをつくってコンサートを開くなど、若者の間ではあたりまえのことになりました。自分で楽しんでいるうちに、どうしても一流の演奏が聴きたくなり、それもラジオやCDでは物足りなくなって生の音を聴きに行きます。これと同じことは、科学ではなかなか起こりにくいのです。

科学を伝える場として、最近は、地方自治体による科学館の建設などはさかんに行なわれています。けれどもそれは、生きものの標本を並べたり、物理現象の原理を説明したりという域を脱しません。科学の基礎の勉強の場なのです。最近は「楽しく科学を」とか、「ただ見るだけでなく自分で参加できるようにしよう」という工夫はされていますが、基本的にはお勉強です。しかも、子どもたちを見ていると、機械のボタンを押して光が出たり音が聞こえたりするのを楽しんではいても、そこで伝えようとしていることを知ろうとしているふうには見えません。ましてやそれ以上のことを考える雰囲気ではありません。

音楽でいえば、初級教則本をシンセサイザーでおもしろおかしく弾いてみせているようなもの、といったらいいすぎでしょうか。音楽の場合、モーツァルトやベートーヴェンを一流の演奏で聴いて音楽のすばらしさを知り、その後で自分で演奏しようとするときには初級から始めます。それに比べて科学は、しろうとは初級しかわからないだろうと思いすぎているようにみえます。

3　サロンの科学

第一線の科学をおもしろく伝える。これをやれば、音楽と同じくらいみんなで楽しめるものになるはずです。そして、これができるのは科学に携わっている第一線の研究者です。けれども研究者には暇がないだけでなく、一般の人に伝える作業は研究者の仕事ではないとされています。それに、研究者は、必ずしも自分の仕事を上手に人に伝える能力をもっているとはいえません。たまに、そのような才能があると、仲間からは冷たい目で見られたりします。なにかこのあたりにしかけをつくらなければいけないでしょう。とはいっても、これはあまり簡単なことではありません。そこで科学が誕生した場であるだけに、日本よりはそれが根づいている欧米にその範を探してみました。

よく知られているように科学が物理学、化学などと分科する前、その成果はサロンで語られていました。啓蒙思想家の集まりでは、詩の朗読の次に、数学の問題を解いてみせていたそうです。しかし、そのときの対象は上流社会。科学が職業としての科学者のものとなり、社会も大衆社会になってから、科学と社会の関係は違うものになっていきます。そんななかで、一九世紀の初めごろのイギリスで、まさに今私が考えているような意識が高まっていたことが『ロンドンの見世物』†に詳しく紹介されていてとても興味深いのです。ロイヤル・インスティテューション（王立協会）が設立され、そこで科学者による一般向けのレクチャーが行なわれたのがそのころです。

このレクチャーで人気を博したのがM・ファラデー。今に残る『ロウソクの科学』†は彼のレクチャーです。今も彼の名を冠したレクチャーがあり、世界中の著名な研究者が話をする場になっています。また、ロイヤル・インスティテューションは、今もクリスマスには一級の科学者が子ども向けの実験つき講演をしています。知的ショーとよぶにふさわしいこの講演は、この研究所の存在理由の一つになっているといってもよいかもしれません。当時は科学館があれこれつくられ、なかにはいかさまもあったようです。『ロンドンの見世物』では、「顕微鏡の世界の驚異を御覧に入れる興味深い大規模な見世物」などというちょっとあやしげな、しかし、そこではそれなりに新しい科学を見せようとする動きが紹介されています。

そして今また欧米で科学を社会に根づかせようという活動がさかんになっています。先端技術の開発が必要になっているにもかかわらず、若者の間で科学や工学がまったく人気がないことに危機感を抱いた国や科学技術関係者がさまざまな活動を始めているのです。たとえばフランスは、パリの郊外に科学技術都市として研究所や科学館を組み合わせたラ・ヴィレットを建設し、大いに力を入れています。そこには大がかりな展示物、さまざまなセミナーの企画があり華やかでさえあります。ただ、私は、そこを訪れて、ラ・ヴィレットを動かしている人々に会い、これは少し違うと思いました。彼らは日本の効率のよい産業に関心をもち、それに近づくための場として考えている——少し時代遅れという感を免れませんでした。

科学の発祥の地ヨーロッパでも科学と社会のあり方についてあれこれ迷っているのです。この状態から脱け出していくには、やはり「科学を文化にする」という一見迂遠な道を探ろう、ラ・ヴィレットを見て、かえってそう強く思いました。

ところで、これまでは、「科学を文化に」という考えを、科学と社会のあいだのきしみを直すというマイナスの是正という目でみてきましたが、実はここにはもっと積極的な意味があると思っています。今、科学は文化そのものになりつつある。しかもそれは、社会全体が求めている文化をつくりつつあるという状況認識です。その状況をとらえた言葉は「物語」です。「生命誌」の「誌」です。

第四章　生命の物語

1　おしゃべりな学問

学生として初めて分子生物学の教室に入ったとき感じたのは、熱心におしゃべりをするなあということでした。それまでは化学科にいましたから、勉強といえばまず権威のあるテキストから始まるものと思っていましたが、まったく違うのです。第一、分子生物学についてのまとまった本はありません。論文を読むといっても、それもたいして数がありません。分子生物学の初期の話が出るときによく引き合いに出されるのがパスツール研究所のＦ・ジャコブとＪ・

モノーらが行なった研究です。大腸菌は通常グルコースで育てますが、グルコースの代わりに乳糖を与えると、それを分解する酵素を合成し、乳糖を利用して生育します。この酵素の合成を指令する遺伝子は、乳糖のないときにはスイッチを切っていてはたらかない。乳糖が細胞の中に入ってくると、それが信号になって乳糖分解酵素の合成が始まるのです。

つまり遺伝子には、必要なときにだけはたらくような調節がきいているということになります。これをみごとに説明する〝説〟を出したのがジャコブらでした。仮説を出して、それを説明するということは、それまで生物学ではあまり行なわれませんでしたから、とても新鮮でおもしろい……。論文はフランス語で書かれていましたから、フランス語の得意な人を囲んで、解説をしてもらってはみんなで議論をしました。見えない世界で起きていることですが、まさに推理小説を読むのと同じで、こうも考えられる、こういう可能性もあると、頭の体操です。そういう素材として、ジャコブらの論文は、抜群に魅力的でした。

ディスカッション……実は、当時の雰囲気を伝えるには、おしゃべりというほうがよいような気がします。決して、ムダとか、意味がないということではなく、とても人間的だったからです。どうして、毎日話しあっていたか。それは、まだお金も技術も充分でなく、暇があったということもあります。大腸菌を培養して、そこから核酸などの成分を取りだして分析するにしても今なら人手と機械ですぐできてしまうことを一から十まで研究者が自分の手でやっていましたし、結果が出るまでにずいぶん時間がかかりましたから。

けれども、それだけではなく、やはり新しい分野が動きはじめており、みんながおもしろがって考えていた時期だったのだと思います。しかも、一人で考えるのではなく、会話によって、お互いを刺激するという形で考えるパターンをとったのです。確かに、このころのおもしろい仕事は、ワトソンとクリック、ジャコブとモノーなど連名になっています。論文に名前が連なるとき、先生と弟子とか主たる研究者がいて他の人が技術的な貢献をしたなどさまざまな場合がありますが、この場合の連名は、それとは違います。

たとえば、ワトソンが『二重らせん』†という本で、DNAの構造発見の経緯を、単なる成功物語ではなく、人間のドラマとして書いており、とてもおもしろいのですが、その本は、クリックがおしゃべりだったというところから始まります。物理学者と生物学者。典型的なイギリス人とアメリカ人。先日も、ノーベル賞受賞後に二人が並んで撮影した写真を見たある雑誌編集者が、「この顔を見ると、まったく異質の人間という気がしますね」と感想をもらしていました。学問の背景も性格もまったく違う二人が、同じ問題への興味から日がな一日語りあっていた様子が、『二重らせん』には詳細に書かれています。それは、従来の「科学」のなかにいる研究者からはひんしゅくを買ったようですけれど。まさにＤＮＡの二重らせん構造と同じように、相補的な面をもつ二人のおしゃべりが、あのモデルを産みだしたのです。

最近、当時活躍した人が次々と自伝らしきものを書いているのですが、そこにはよくおしゃべりのことが書かれています。ジャコブの『内なる肖像』†。これは人一倍多感な少年の成長の旅として読んでも興味深い本ですが、研究の様子が生き生きと描かれています。自由という価値を求めて、アフリカで戦闘に参加していたために、小さいときからの望みであった医師への道は閉ざされてしまいます。しかも年齢が三〇歳に近くなって焦っていたジャコブは、偶然パスツール研究所にポストを得ることができます。廊下の一隅で始まった研究活動。そんななかで、論理的にことを進めるモノーに魅かれてディスカッションが始まります。そして、二人の知性のぶつかり合いから生まれたのが、あのみごとな調節遺伝子の概念だったのです。

クリックの自伝（『熱き探求の日々』†）の中にも、クリックがＳ・ブレンナーといかに一日中しゃべっていたかが書かれています。この二人のおしゃべりは抜きん出ています。とにかく興味が広く、記憶力のよいこの二人がお互い相手の口が閉じるのを待って話していた様子が目に浮かびます。一日中しゃべって、そこから見えてきた現象を確かめるために、夕方から実験を始める。大腸菌での研究は、こうして夕方から始めると、一晩の間に菌が成長して明朝、答えを出してくれるのです。自伝を読むと、知的なゲームを楽しんでいる様子、それをなつかしんでいる今のクリックの様子がよくわかります。分子生物学はそういう分野だったのです。それが今や様変わりして、機械でどんどん分析して、その成果をコンピューターに入れて解析することになりました。分子生物学の研究者の数は多くなりましたし、技術的な成果もあげていますので、社会からは評価されていますが、研究のなかにいる本人にとっての、知的なふくらみや、おもしろさは減っているような気もします。

つまらなくなった理由の一つは忙しくなったことでしょう。技術が進んで、実験が速くできるようになり、忙しくなった。もう一つは、この分野が社会にある位置を占めたための作業（雑用とよぶものです）が多くなり、私のまわりでも大勢の先生方が毎日忙しく動き回っていらっしゃいます。のんびり話す時間は減ってしまいました。ゆとりのないなかで、科学は数字や情報に還元されて、知的な、豊かなふくらみが消えてしまったように思います。情報が人から人へ伝わること、そしておしゃべりがいつもあること、それが「科学」にとってどれほど大事なものであるか。そのような交流の中心になる人の存在がどんなに大事なことか。それを強く感じます。人間もその一つである生きもののこと、さらには「生命」については、語りあうことがとりわけ重要なのかもしれません。

2　人から人へ

おしゃべりには、知的な刺激と同時に先生や先輩、仲間との間で情熱、ときには思いこみとしかいいようのない独断も含めてですが、それが直接伝わるというおもしろさがありました。そんなのおかしい……口角泡をとばして議論しても、それで気まずくなることはありません。流行の分野ではないところへ入ってきた人たちですから、一人ひとりの思い入れはそれだけ大きいわけです。こうして、人から人へ伝わるものは、情報ではなく、もっと総合的なものでした。

　こうして、おしゃべりというところから始まって、人の大切さを考えはじめていたとき、桐朋学園を創られた齋藤秀雄先生の逝去後一〇年を記念する「サイトウ・キネン・オーケストラ†」のヨーロッパ演奏旅行の記録を見ました。世界中にちらばっている、齋藤秀雄さんの門下生が集まってのオーケストラです。今の日本の音楽を支えている人はほとんどいらっしゃる、といってもよいくらい錚々《そうそう》たるメンバーです。ソリストもいればオーケストラで活躍している人もいる。今、音楽の世界では日本人の活躍が目立ちますが、その基礎は戦後なにもなくなってしまったところに一人、齋藤秀雄という人がいたところにあるのかしらと思いました。日本に音楽を興そうとか、日本で世界の音楽家を育てようとなさったわけではない。小さな「子供のための音楽教室」という塾をつくって、ご自分が本当に愛している音楽をみんなに伝えようとなさったのでした。そこで育ったのが中村紘子さん、小澤征爾さんなどです。

そこには、単にヨーロッパの音楽を演奏するというだけではない、自分のなかから出てくる音楽をもっている方がたくさんいらっしゃるのを、同世代としてとても嬉しく思います。科学とくらべて、私たちと同世代でありながら、音楽家は、西洋の音楽を自分のものにしていると感じます。もっともその後、分子生物学が技術の進歩に助けられて急速に展開し、非常に多くの研究者を擁するようになったけれど、知的なみずみずしさと豊かさを失ったところがあるのと同じような現象が音楽の世界でも起きているという批判もあります。数は増えたけれど音楽の心よりも技術が勝っているという批判です。それを乗り越えて次を生みだすことがさまざまな分野で必要になっているのでしょう。

いずれにしても「サイトウ・キネン・オーケストラ」の練習の様子と演奏は感動的でした。一流の方たちがみんな齋藤先生の教えて下さったことを体のどこかで覚えていて、一緒にいるうちにだんだんそれを思いだしていく様子がとても興味深く感じられました。これだけ豊かなものがたった一人の人から出ているのだと改めて思ったのです。文化とは、予算がたくさんついたとか、多くの人が関心をもったなどということで豊かになるのではない。人の情熱が世界をつくっていくのだ。このオーケストラはそれを教えてくれました。オーケストラの音がすばらしかったのはもちろんですが、集まった人たちの話し方やそこで交わされる言葉が、魅力的な雰囲気をつくりだしているのです。これが文化だと感じました。基本はとても簡単なことで、人から人へです。日本の科学はそういう形で存在していないのではないでしょうか。

たとえば物理学では、理化学研究所があり、仁科芳雄先生を囲んでまさに文化としての科学が育ちかけたように思います。仁科先生は、N・ボーアを中心にコペンハーゲンにあった学問の雰囲気を学びとったといわれます。堀健夫先生（北海道大学名誉教授）がそれを紹介して「協力の精神、形式ばらぬ自由な討議、ユーモアに裏打ちされた傾倒の精神」と書いていらっしゃいます。私が、議論といわずにおしゃべりという言葉を使っていたのは、まさにこのユーモアを必須にしたかったからでした。残念ながらこの雰囲気は第二次世界大戦に巻きこまれて、変わってしまいました。物理では、湯川秀樹先生や朝永振一郎先生など学問的にも人間的にも傑出した方がいらっしゃいましたし、すてきなお弟子さんも多いですが、そこからなにかが伝わって、日本の中に豊かな科学が育ち、浸透していく実感をもつところまではいきませんでした。

それが科学と他の文化との違いなのか、それとも日本人がいまだ科学を文化としては受けとめていないからか、それも考えてみたいところです。

日本に科学が入ったのは明治時代であり、そのとき、「富国強兵」というスローガンをかかげたために、日本の科学は技術に付属するものとなってしまい、「日本には技術はあっても科学はない」といわれるようになりました。確かにそうですが、人から人へという形で科学を根づかせる、という目でみたときに、興味があるのは江戸時代の「適塾」です。蘭学を修めた幕末の知識人で医者であった緒方洪庵が一八三八年に開いた学校「適塾」が、日本の洋学の方向を決定したといってもいいすぎではないと思います。一五〇年たってふり返ってみると、いわゆる技術ではなく、学問を育ててきた基本はそこに戻る、これも一人の人間の力でしょう。ただそれが、ここで考えたい文化としての「科学」というところにはつながっていません。それは、これまで科学をそのような形で受けとめようとしたことがないからではないでしょうか。今こそ、意識して流れをつくる必要があると思うのです。

それには、人から人へと伝わる場をつくるほかないでしょう。「子供のための音楽教室」「理化学研究所」「適塾」と思いつくままに並べたようにみえるかもしれませんが、これらの人から人への伝え方には、共通点があります。それは、基本精神は伝えながら、決してそこに閉じた一群をつくるのではなく、広がっていることです。今の大学での弟子の育て方は、自分を受けつぎ、それをそのまま次の世代に渡していくことを求めているところがあります。広がりをもった弟子の育て方が必要です。

その点、江上先生は「生命科学」でとても重要なことをなさいました。「生命科学」を実行する場として研究所の計画をたてたとき、若い研究者たちにおっしゃったのです。——自分はこういう考え方で仕事を始めるので、自分の考え方に共鳴して、一緒に仕事をしてほしい。ただし一〇年間だけ。自分の時代のとらえ方は正しいと思うし、仕事をするための「場」としては充分なものを用意するから、そこで思いきり仕事をしなさい。この考えの中で一〇年やったら自分のものがみえてくるはずだから、それがみえてきたら、それをもって、ここから出ていきなさい——と。その人がどこかでまた新しい場をつくれば先生の考えがネットワークになって広がっていくはずだからです。一〇年は長いようで短いものです。一〇年目には、私はまだ無我夢中でした。一五年くらいで、江上先生の言葉の意味がわかりました。「生命科学研究所」というユニークな研究所が一つだけ存在したという形で終わっては意味がないのです。

科学のあり方をよく考えて、「生命科学」というフィロソフィーをもった新しい分野をお考えになり、しかもそれを民間企業が出資する基礎研究所という形で実現化なさった江上先生だからこその言葉です。これは、日本に科学を根づかせる作業のスタートだったと思います。これを広げたいと思い、「生命科学」を次につなげていく一つの姿として「生命誌」にたどりつきました。

先端科学技術分野で活躍していらっしゃる方数人にお話をうかがう機会があり、独自の分野を切り拓いている方が必ず口にするのが先生の影響だということに気づきました。しかも、先生の考えをそっくりそのまま受けついだという方は一人もいません。違う場所へとびだして、一見まったく違うことをしている人も少なくありません。先生からはみだす。それは、先生の否定ではなく、先生をよく受け入れたときに起きることらしいのです。これが人から人へということではないかと考えています。

3　科学が物語る

前章の終わりに、科学を文化にするという考えには、現在の社会の欠陥を補おうというマイナスからの問題意識と、今まさにそのような動きを支える変化が起きているので、それを積極的に取りあげようというプラス面からの意識があると書きました。ここでそのプラス面をみていきます。

これまで何度も「科学」という言葉を使ってきましたが、私が考えている科学は、もしかしたら今多くの方が頭の中に描いている科学とは、少し違うものかもしれません。今科学といえば、細分化、専門化された学であり、特定の専門家にしか理解できない難しいものとされています。日本語の「科学」という言葉は、まさにそのイメージにぴったりです。本来〝サイエンス〟は総合的な知を表現するものだったはずですが、時を経るにしたがって分科が起き、その中での科学は還元論と分析的手法に支えられて対象を〝バラバラにする〟ものとされ、日常とは離れた知として進められてきました。

けれども本来、科学は還元、分析、細分化という一つの枠の中で語れるようなものではありませんし、今、新しい流れが生まれているという実感があります。

分子生物学でみてみます。これはまだ五〇年ほどしか歴史のない分野ですが、それでも学問の様子はずいぶん変わりました。一九四〇年代、五〇年代を、分子生物学者はややノスタルジックに「ロマンティック時代」とよびます。遺伝子という生命現象の基本を支えるものについて、少しずつわかる手がかりが得られはじめたころです。

DNAは二本の鎖でできていることがわかった。それでは子孫をつくるとき、どうするのだろう。いろいろな可能性が考えられます。二本が分かれて一本ずつ娘細胞に入る、まったく新しいものをつくって親のものはこわされてしまう、二つの娘細胞のうち一つには古いものが入り一つには新しくつくられたものが入る。頭の中でありうる状態をあれこれ考えます。このとき、一人で考えているより、ワイワイおしゃべりをしながら考えたほうが楽しいし、お互いが刺激されてよい考えが出てきます。そして、あらゆる可能性を考えつくしたと思ったら、そのうちのどれが実際に起きているのかを決めるためにはどんな実験をしたらよいかを考えるのです。これを思いついた人が勝ちです。いってみれば、クイズを解いて、新しい世界をのぞいているようなものです。

このような時期の科学は、小さな物語をつくっていたといってもよいでしょう。細胞という実際には見えない世界をそれぞれの頭の中に描きながら、楽しんでいました。ただ、これは専門家の中での物語であり、それが前に述べたおしゃべりと結びついていました。ロマンティック時代とは、いい得て妙です。

次にくるのがアカデミズム時代です。ある程度路線が引かれており、その中でやることはだいたい決まっています。それを着実にしっかり進めていくのが優秀な科学者、という時代です。そして今やテクノロジーの時代になったといわれます。正直、現状に対する漠とした不満と、往時へのなつかしさとがないまぜになった感慨が胸の中を往き来します。古き佳き時代。ロマンティック時代は常に美化されます。しかし、ただそれだけではなく、科学の本質がそこにあるための魅力を備えています。そこで、これからロマンティック期を迎えようとしている分野はなんだろうと考えます。とても興味のある問いです。

ロマンを求めて新しい分野を探すのもおもしろいのですが、実は、物理学や分子生物学などの最先端をみていると、明らかにその様相が変化してきており、ロマンティック時代のような研究者仲間だけでの小さな物語づくりではなく、すべての人の中での物語ができそうな兆しがみえています。「生命科学」から「生命誌」へという動きは、まさにここに注目したものです。

アカデミズムの時代の生命研究の主流は、DNAの基本構造とそのはたらき方の解明でした。その結果、生命現象の基本は解けてきました。人間についても、病気の原因となる遺伝子などが次々と同定され、そのはたらき方もわかってきました。これらのはたらきを解いていくと最後に、「人間とは何か」という問いへの答えが出るだろうか。どうもそうではないようです。人間はどういう生きものなのだろうという問いは、分子の機械としてそれを説明することによって答えられるものではないのです。人間はどのようにしてつくりあげられてきたのだろう、他の生きものとはどのような関係にあるのだろうと問わなければいけないということがわかってきました。

つまり、生命の歴史をたどることで、初めて答えが出てくるのです。一つの個体をとってみても、たった一個の細胞である受精卵からどのようにして成体ができあがるのか、さらにはその成体が環境との関わりあいをもちながらどのようにして生きていくのか。それを問うことが本質的でかつおもしろいのです。個体を構成している部品をバラバラにして調べるのも結局は、それらが生きものをつくりあげていくときにどのような役割を担っていくのかを知るためです。扱っているのは同じDNAという物質であっても、部品としてのDNAではなく、生命の「歴史」や生命のできあがる「過程」という時間、関心は部品としてのDNAではなく、生命存在としてのDNAに向かっています。それはそのままこの地球上には人間もいれば、サルもいる。サクラの木もあれば、大腸菌もいるという多様性への関心です。

徹底的に分析をしていった結果、その向こうにみえてきたのは、すべてを一つの要素に還元するという世界ではなく、とうとうと流れる時間が描きだす物語だったのです。これは、生命科学だけでなく、物理がまさにそうです。ゆらぎ、フラクタルなどの現象、そして前にも述べた宇宙論への関心。自然の解析がかなり進んで断片的な知識ではなく、生きものについて、地球について、宇宙について語れるようになったという状況と、自然は分析的にみても決してその本質をみせてくれるものではなく、そこにある物語を読みとらなければならないのだ、という認識とが重なりあってきたといえないでしょうか。

これは、科学と社会の関係を大きく変えるものです。単なる分析の時代には科学は高度に専門化した世界でしたけれど、歴史や物語になれば日常的な知になります。

宇宙論がそのよい例でしょう。一九六〇年代に出されたG・ガモフのビッグバン説。宇宙には始まりがあり、進化しているという考えを出発点に、素粒子論というミクロな世界とマクロな宇宙論とが一緒になって私たちしろうともわくわくする議論が展開されています（そういえば、ガモフはまさに物語の上手な科学者の代表です）。宇宙論の細かい計算などわかるはずがないと思ってわかろうとする努力すらしていない私ですが、それでも宇宙論には魅力を感じ、自分なりに、この考えはおもしろいとか、これは間違っていそうだなどと勝手に好き嫌いを決めているのは、物語を基にしてのことです。例えばS・ホーキングの宇宙論。† 彼の著書はベストセラーになり、学会参加のための来日の際に開いた一般向け講演会は聴講希望が殺到したそうです。私も本を読みましたし、講演会のテレビ放映は真剣に見ました。ここでは〝啓蒙〟という言葉はとうに消え、好奇心にみちびかれる知の世界が立ちあがっています。

物語といっても、さまざまな形がありえます。思いつくままにいくつかをあげてみましょう。

分子生物学ではクリックはそれが上手な一人で、ときには、それが実験室から外へと広がることもあります。たとえば彼は宇宙から生命がやってきた、という話を書いています（邦訳『生命――この宇宙なるもの』†）。物理学者F・ホイル（彼は、ガモフの宇宙進化説に対して「宇宙定常説」で論陣をはった人です）が、生命は宇宙からやってきた彗星が運んできたのだという説を出していますが、これはクリックがその説をさらに広げた趣きをもつ本です。他の天体から、意図的に地球に生命が送りこまれたというのです。日本人はこれを読んで、これは現代の科学と合っていないとか、クリックもとうとうおかしくなったのではないかと批判しました。そうではありません。これはクリックの知的ゲームなのです。ある前提を決めて、それ以降、まったく破綻のない論理を組みたてていくことができるかどうか。分子生物学の初期にやっていたのとまったく同じことをすると、こういう物語ができるのです。

地球の海の中で生命が誕生したというお話と、どこかに宇宙生命体がいて、それが生命を地球に送りこんできたというお話とは、まったく等価でありうるわけです。私も生命はたぶん地球の中で生まれたと思っています。現代の生物学を基にすれば、そのほうが可能性が高いでしょう。しかし、宇宙から飛んできたという考えをスタートにして、その後はどこをついてもボロの出ない科学の論理で、完璧なお話ができます。クリックはそれを楽しんでいるのだろうと思って読んでいたのですが、最近出版された自伝（邦訳『熱き探求の日々』）の中で、生命の起源なんていずれにしても、当面わかるはずはないので、あれこれ考えてみてもよいじゃないか、自分は宇宙からの飛来派にも地球誕生派にもくみしているわけではないといっています。やはりクリックはみごとにお話を組みたてて知的に楽しんでいたのです。

ここで思いだすのは、クリックのよき仲間であり、一日じゅう話をしていた相手だったブレンナーです。七〇年代初めの分子生物学は大腸菌からより高等な生物へと関心を移しながら、大腸菌のようなよいモデル系を求めてさまざまな模索をしていました。けれどもなかなかよいものが見つからない。ちょっとした停滞のときでした。高等生物をまるのまま扱うのは難しそうだから細胞を培養してそれを研究しようとか、遺伝の研究が進んで、変異体もたくさんあるからショウジョウバエがよかろうとか。そのようななかで、いちおう神経系、生殖系などが一とおり揃っている最も単純な材料として、線虫も選ばれました。しかし、かなりの努力にもかかわらず、大腸菌での分子生物学を延長した研究にうまくつながるモデル生物は見つかりませんでした。

そこに組換えＤＮＡ技術が登場しました。材料はショウジョウバエでもネズミでもよくなり、ほとんどの人が遺伝子からのアプローチをすることになりました。ショウジョウバエでは、形の決定に関与する遺伝子であるホメオボックスや、動く遺伝子とよばれる、遺伝子の中を動きまわる因子が見つかり、それは他の生物にも存在することがわかりました。また、ネズミでガン遺伝子が見つかるなど、高等生物特有の現象が、遺伝子からのアプローチで解けてきました。組換えＤＮＡ技術を使えば、それまで研究が難しかったヒトも生物学の対象になり、直接ヒトの病気にも迫れるようになりました。生物学の様相がガラリと変わりはじめたのです。

そういうなかで、ブレンナーは一貫して線虫から離れませんでした。しかも、模索の時代にみんなの関心事であった発生現象を追いつづけたのです。まず、卵が分裂をして線虫ができていくまでの過程を丹念に追って、一つの細胞は、次にどうなり、最後には腸になるか神経になるかという発生過程での細胞の連関地図を完全につくりあげたのです。

線虫の場合、全細胞の運命があらかじめ完全に決まっているのに、人間では、体のすべてができていくまでの間に、偶然がたくさん入りこむという違いはあります。体をつくるときの運命づけの度合いが、線虫の場合ははるかに高いわけで、逆にいうと、基本の基本は線虫を調べたらわかるのです。一つの細胞を追っていくと、それがあるところから神経へと運命づけられていき、しかもその中には必ず死ぬことが決まっている道筋もあることがわかりました。線虫という小さな虫が一つの個体をつくりあげるためには、どうしても途中で死ななければならない細胞があるのです。線虫は全体で九四五個の細胞でできており、そのうちニューロンが三〇二個あるのですが、実は神経前駆細胞は四〇七個あって、その中の一〇五個は必ず死ぬのです。これこそ一つの物語。ブレンナーは、実験でみごとな一つの物語をつくりあげました。

科学はこうしてさまざまな切り口で語るものです。ニュートンの時代にはニュートンの力学でお話がきれいに組みたてられていたのが、アインシュタインの相対性理論や量子力学が出てきて違うお話が語られるようになりました。それではニュートン力学は科学ではないのかといえば、そんなことはありません。彼が組みたてた物語は、歴史的に意味があるだけでなく、今でも大切なものです。いかに上手に議論を組みたてていくか、そこが科学者の腕の見せどころです。細胞内でのエネルギーの伝達についての理解でノーベル化学賞を受賞した英国のP・ミッチェルは、「科学は客観的真理と誤解されている。しかし、科学は実在の世界（第一世界）を個人の心の世界（第二世界）が描いた社会的な表象（第三世界）にすぎない」（香川靖雄訳）といっています。「あるデータから個性的な異なる仮説の提出が可能」ということです。

先日、朝日新聞にJ・ケプラーの話が出ていました。アメリカの科学史家の発表した論文によれば、ケプラーはデータを捏造していたというのです。天体の運動は楕円でなければならない、そのほうが絶対に美しいと決めてかかって、それに合うようにデータの細部を変えてしまったのだそうです。それに関するアメリカでの議論がおもしろい。だからケプラーはけしからん、という人はほとんどいません。ケプラーは天体の楕円の運動のイメージをつくることができたのだから、それはそれで評価すべきだというのです。当時のつたない技術と頼りないデータだけをもとに、このイメージをつくることができたところがすごいので、仮にデータの捏造があったとしても、イメージに合うようにデータを捏造するくらいのゆるぎない信念をもっていたことこそ天才のあかしだ、という意見までありました。

ケプラーから現代まで、数百年の時間が経っているので、だれもが距離をおいて冷静にものがいえるからこうなったので、現在ホットな問題についてだったら、これほど好意的にはいわれないでしょう。捏造はいけません。データはそのままに、推論として出すのが本筋です。しかし、ちょっとつかんだきっかけから、物語をつくる能力は評価されてよいでしょう。河合隼雄先生が分析的で知識を重視する科学と全体的な知恵の総合である神話は、ともに重要な知であると指摘されています。物語るという点で、科学と神話は共通するところがあります。最近の科学の欠点は、物語性を失ったことにあるような気がします。

江上不二夫先生は、「生命の起源」に関心をもっておられました。A・オパーリン（旧ソ連の生化学者。主著『生命の起源と生化学』）がコアセルベートという構造が自然にできることを示して以来、この問題は科学の仲間入りをしたようなしないような状態で存在してきました。ですから大学教授時代には学生に論文のテーマとして「生命の起源」を出してもだれも選ばなかったのです。そこで、定年後の仕事である生命科学研究所では、少しお遊びが許されるだろうとこの研究を始めました。先生は、生命は地球の海で生まれた、しかも海水中の金属が触媒のはたらきをしたという仮説をたてて海水の数百倍の濃度でマグネシウム、鉄、亜鉛などの金属を含む溶液をつくり、その中で有機物を反応させました。その結果、一〇〇度以下の温度で構造体（海の粒子という意味でマリグラヌールと命名）ができることを発見されたのです。まさにここから想像をふくらませる素材としては魅力的でさまざまな物語が生まれる状態になりました。

興味深いのは、この話は専門外の人はとてもおもしろがり、専門家は冷たく反応するということです。これは、若い研究者のやる研究ではないかもしれません。あまりにも想像の部分が大きすぎて、いわゆる「科学」として評価するのは難しいところがありますから。しかし、このような仕事も一部認めるゆとり、ここからまた新しいものが生まれてくるかもしれないという関心は、科学の世界を豊かにするはずです。

科学に、歴史や物語が必要であるという考え方は、まだそれほど一般的ではないでしょう。けれども、心の奥からそのような気持ちがわいてくるのはどうしようもなく、「生命誌」の問題を考えているうちに、これは科学にとどめずもう少し広げて考えたほうがよさそうだと気づきました。

4　情報の時代から物語の時代へ

現代は「情報化時代」といわれていますが、いったい情報化ってなんだろう、と疑問に思うことが少なくありません。情報機器は開発され、〝情報〟と称するものが大量に存在しているらしいのですが、だからどうなの、と思うときがよくあります。読みたい論文が掲載された雑誌を一日だけの約束で借りて帰り、ノートをとりながら読んだころに比べると、毎日山ほどの雑誌や書類が机の上に置かれ、必要と思うところはコピーをとるという生活は、一見多くの情報と関わりあっているようにみえます。けれども、コピーをとれば安心して、あまりていねいに読みませんし、かなりの書類は右から左へ移すだけになってしまっています。情報についての議論も、たくさんある情報をいかに処理するか、いかに利用するか、いかに効率よく伝えるかという話が主で、いかに情報をつくりだすか、いかに自分のものにするか、いかに発信するかということは、あまり話題になりません。セミナーや会合も頻繁に開かれていますが、まったく知らないことを聞く機会はそれほどありません。本当に自分が大事だと思うことを自分の中で整理し、それを人にきちんと伝えることが重要で、上手な処理はその後に始まるのではないでしょうか。自分が今一番大事だと思うことを出しあう情報づくりではなく、既存の情報がとびかっているだけで、いかにも忙しそうというわけです。

たとえば、ものをつくるときも、まず「ニーズは何か」から始まります。委員会でも「なにが求められているか」という議論が多く、「間違っているかもしれないけれど、私にとってはこれが大切」という議論にはなりません。文化を、次に走ってくる人に渡すためには、「ニーズは何か」ではなく「私はこうだ」の議論をしなくてはならないはずです。そしてそれを、人から人に伝えることで、今、私たちがなにを考え、なにをしようとしているのかということを明確にすることが重要です。

組換えＤＮＡ技術が開発され、これが非常に有用であると同時に、もしかしたら危険をはらんでいるかもしれないと判断されたときが、そのよい例です。アメリカでは、それをめぐってさまざまな議論が行なわれ、結局ガイドラインをつくって自主規制していこうということになりました。その経過は公表され、それを追っていくと、研究者は何を考え、一般の人は何を不安に思ったかがわかります。それらが、政治から宗教まで含めて議論されていた様子もよくわかります。ガイドラインの中の一行が書き足されたり消されたりするのにも、どれだけたくさんの議論があったかを知ることは大事です。日本は後追いになりました。

文化や制度の違いは充分承知のうえで、なお、「情報」の全体像が見えるなかでことが進み、経緯がわからなければ、社会としての議論はできないと言いたいのです。アメリカでは公開された資料を勉強し、関係者にインタビューをして、組換えＤＮＡ技術の市民にとっての意味を考えた本が何冊も書かれました。専門技術に関わる膨大な資料は、だれもに理解できるものではありません。けれどもこうして本にまとめられれば、専門外の人もその情報に接し、考えることができます。つまり、アメリカの情報は、「語られている」のです。今、情報というと、どのようにしてデータ・ベースをつくるか、どうアクセスするかが重視されます。もちろん、それも大事ですが、多くの場合、そして多くの人にとって、そこからだれかがつむぎ出して語ってくれる情報でなければ、ほとんど意味がないことも事実ではないでしょうか。

「科学と社会の接点」というテーマが登場するのは、科学から「物語」の感覚が抜けてしまったからではないかと考えたのですが、実は、情報化社会では、みんなが同じような情報の断片を組み合わせて往き来させているだけで、あらゆるところで物語がなくなっているらしいことに気づきました。編集者の高橋秀元さんが「ふしぎなことに出遇ったときに、人はなんらかの解釈を試み、そして解釈不能であってもそれなりに物語がつむぎ出されていく」と書いています。解釈不能な事態を仮に解釈しておくという仮定的解釈が成立したときに、物語は発生するのです。つまり物語は「集団が主体的に選びとった価値体系の表現」なのだといえます。

近代科学技術文明から新しい価値観をつくる必要があるといわれている今こそ、一人ひとりが物語をつくり、そこから、集団としての価値体系をつくっていくときなのではないでしょうか。そこに生まれるのが本当のコミュニケーションであり、語りあいでしょう。情報化社会というなにやらわからない言い方をやめて、物語と語りあいの時代にしなければ、人間主体という言葉は空しく響き、コンピューターにふりまわされることになってしまいます。小さなときにお母さんたちから聞いた昔話のように、忘れられない話を聞いたり聞かせたりしたいものです。そしてそこから一人ひとりが自分が大事と思う生き方を選びとっていきたい。科学もそこで興味深い物語を提供できるはずです。

STORY（物語）とHISTORY（歴史）はほとんど同じ意味合いといわれます。物語を語るには、歴史観が不可欠だからでしょう。今、歴史の大切さが指摘されています。政治、経済、国際関係、……あらゆる分野で、思いがけない大きな動きが起こり、また地球環境問題という難しい課題が顕在化してきました。このようななかで、次はどのような社会にしたらよいのかを考えるには、「歴史」に基盤を求めるほかないと多くの人が考えています。「生命誌」は、そのなかで、単に人間の歴史にとどまらず生命の歴史にも目を向けようという提案をしているのです。それは、地球や宇宙の歴史も視野に入れましょうというところまで広がるものです。

科学哲学の野家啓一さんは「〈歴史の終焉〉と〈物語の復権〉」(『本』一九九〇年九月、講談社)で次のように書いています。少し長いのですが引用します。

歴史は超越的視点から記述された「理想的年代記」ではない。それは、人間によって語り継がれてきた無数の物語文から成る記述のネットワークのことである。そのネットワークは、増殖と変容を繰り返して止むことがない。いい替えれば、物語文は本質的に未完結なのであり、さらには「いかなる物語文も修正を免れない」のである(このテーゼをクワインの「知識のホーリズム」になぞらえて「歴史のホーリズム」と呼ぶことができる)。そして、このネットワークに新たな物語文が付け加えられることによって、あるいはネットワーク内部の物語文が修正を被ることによって、ネットワーク全体の「布置」が変化し、既存の歴史は再編成されざるをえない。その意味において、過去は未来と同様に「開かれている」のであり、歴史は本来的に「未完結」なのである。

人間は「物語る動物」あるいは「物語る欲望に取り憑かれた存在」である。それゆえ、われわれが「物語る」ことを止めない限り、歴史には、「完結」もなければ「終焉」もありえない。もし「歴史の終焉」をめぐる議論になんらかの意義があるとすれば、それは歴史の趨勢を予見する「超越論的歴史」に引導を渡し、歴史記述における「物語の復権」を促すというその一点にのみ存する、ということができる。

われわれは今、大文字の「歴史」が終焉した後の、「起源とテロスの不在」という荒涼とした場所に立っている。しかし、その地点こそは、一切のイデオロギー的虚飾を脱ぎ捨てることによって、われわれが真の意味での「歴史哲学」を構想することのできる唯一の場所なのである。

私がバイオヒストリーという英語に対して「生命史」ではなく「生命誌」という文字をあてたのも、まさにこのような認識からでした。

もう一つ、私の心にかかっている文章を引用します。大岡玲さんの「物語ることの使命」(『図書』一九九〇年一月、岩波書店)の一部です。

〝知恵〟を様々な物語の中に読んできた私たちの歴史は長い。いや、歴史や近代科学でさえも一種の「物語」かもしれない、といういい方も現時点ではそれほど奇妙には響かない。現象学や記号論、あるいは構造主義といった方法論がそういう世界像を提示するようになって久しいのだ。人間は自分自身が生み出したフィクションを、文化や文明という実在の形に仕上げていく。つまり、結局は想像力という昔なじみの力が、私たちの世界を支える基盤になっているということになるのである。恐しいことに、それ以外の基盤は存在しないのだ。もし、その想像力が力を失ったり、怠惰になったとしたら、私たちはあっさり居場所をなくすわけである。

断片的な情報を蓄積したり、あちこち動かしたりする情報化時代でなく一人ひとりが自分の物語をつくってコミュニケーションしあう時代への移行、これこそ人間主体の時代でしょう。

第五章　ヒトゲノム・プロジェクト

1　「生きもの」を知るために「ゲノム」を考える

「科学と社会」という課題を、技術と倫理の間のきしみにせずに、真っ向から科学の問題として考えていきたいという気持ちを、さまざまな角度から述べてきました。それは、生命を知ることと自体が社会にとって大きな意味をもっていると考えるからです。このような立場の一つの整理として、今話題になっている「ヒトゲノム・プロジェクト」について考えてみたいと思います。

これがプロジェクトとしてアメリカから提出されたときについていた一番乱暴な説明は、「ヒトの細胞の中にあるDNAを端からすべて解析してしまおう」というものでした。遺伝子であるDNAはATGCという四つのヌクレオチドのつながりであり、人間の場合それが三二億個もあるのですが、それをすべて分析しようというのです。組換えDNA技術が生まれて以降の分子生物学研究では、DNAの一部を切りだしてそのヌクレオチドの並び方を解析するという作業が不可欠になりました。がんの遺伝子の研究が進みました、免疫現象の詳細がわかってきましたという裏には、常にDNAの解析があります。世界中でこのような研究が行なわれているのですから、ここで「ヒトのDNAをすべて読もう」とかけ声がかかり、みんなで協力したらどうだろうという考え方が出てもふしぎではありません。

でも、ヒューマン・ゲノム・プロジェクトというアメリカが出した考え方を初めて聞いたときは、本質的に生命の科学とは異質であると感じました。とくに、ヒトの染色体を多くの研究室で分担し、解析技術を自動化するなど、今の一〇倍にも一〇〇倍にもスピード・アップして(そうしなければ、十数年という現実的な時間の範囲では分析ができないのですから)解析するといういい方には抵抗を感じました。若い研究者が、与えられた部分を意味もわからずにただ分析するロボットのようになってしまうのではないかと警戒する人が出てくるのも当然です。そうやって、すべてが解析できたからといって、そこにどんな意味があるのだろうという疑問もわいてきます。その疑問への答えとして「病気の原因になる遺伝子の解析が進み役に立つでしょう」という答えが返ってくると、そういう解析をした結果、「あなたにはこんな遺伝子がありますから、わが社では採用できません」などという話になる危険性はありませんか、と聞きたくなります。まさに、技術と倫理の話になって、仮定のうえでの議論が延々と続くことになります。

そこでこの種の議論から離れて「ヒトゲノム・プロジェクト」を生命についての科学の問題として考えてみます。このプロジェクトの発案者の思惑とか、研究者の間のかけひきとかは抜きにして、研究の大きな流れとして自分の目でこれを見てみようと思います。そうなると、まず大事なのは〝ゲノム〟という言葉です。〝ゲノム〟は一個の生物体がもっているDNAの総体です。ゲノムという言葉を考えるために、まず、「生命誌」の視点からはこれまでの遺伝子研究の歴史が少し違ってみえてくることを説明します。

近代遺伝学の祖といえば、だれもがG・メンデルの名前をあげるでしょう。オーストリアの僧院の庭でエンドウマメを使って〝遺伝子〟という概念を産みだした仕事の偉大さは改めていうまでもありません。

ところで、メンデルは、ウィーン大学で物理学を勉強し、物理大好き人間だったのです。ニュートンの万有引力の発見以来、自然界を法則で統一的に書き表そうとする動きが出て、実験から新知見が生みだされることを重視するようになっていたので、物理大好きのメンデルはその影響を受けたに違いありません。イギリスの生物学者、M・スミスが興味深い指摘をしています。「メンデルが興味深いのは、彼の得た結論ではなく、それを得るためのやり方だった」というのです。彼はこう続けます。「最初の重要なステップは、正しい問いかけをしたということです。本当に問うべきは、ネズミはなぜネズミを、ゾウはなぜゾウを産むのかであることは明らかです。しかしこの問いは、答える術がなく、したがって実りある質問ではありませんでした。かわりにメンデルは同種の生物の間の差に注目しました。茶色いネズミと白いネズミはどこが違うのか、シワのあるエンドウマメとないエンドウマメの違いは何かという問いです」。スミスのいうように遺伝学は今でもこの種の問いをしています。

生命科学という分野を創設なさった江上不二夫先生は、「生命科学にとって遺伝研究は基本であり、重要であることは充分認めるのだが、今の遺伝学はどうも性に合わない」とおっしゃっていました。その理由は、まさに、「ハエの目が赤いとか白いとかいうだけで、ハエはなぜハエなのかという最も大事なことを問うていないからだ」ということでした。正論です。とはいえ、スミスのいうように、最初からネズミはなぜネズミを産むのか、ハエはなぜハエなのかを問うていたのでは現代遺伝学はまったく進歩しなかったでしょうから、まず、エンドウマメのシワから始めたのはよい選択でした。

けれどもここまできたら日常感覚で知りたい、「ゾウはなぜゾウなの」という問いに戻ってもよいのではないでしょうか。遺伝学では、遺伝子を問題にします。赤い色素をつくるための遺伝子、糖を分解する酵素の遺伝子……日常の研究はすべてそれぞれの遺伝子を扱います。ですから遺伝学は遺伝子研究になっており、がん遺伝子、インターフェロンの遺伝子などと一個ずつの遺伝子を調べます。もちろん複数の遺伝子が関与する現象は多く、その中にはタンパク質をつくる遺伝子のほかに調節のための遺伝子もあり、複雑です。とはいっても遺伝子は遺伝子であり、マメのシワへの問いになってしまうのです。

ところで、改めて考えてみると、個々の遺伝子が独立して自然界に存在することは、決してありません。どの遺伝子も、ハエの中、ネズミの中、ヒトの中にあるわけで、自然界に存在するのは、遺伝子の総体である〝ゲノム〟です。ヒトのゲノム、ネズミのゲノム。生物としては総体しか意味がありません。しかも前にも述べたように、今は、それらを全体として考えることができるようになったのです。そのうえ、ネズミのゲノムとヒトのゲノムはまったく無関係ではありません。そこにはすべての生物の進化の歴史があるわけですから、ヒトのゲノムとネズミのゲノムを比べてみれば、ヒトとネズミの関係がみえてくるはずです。抽象的な生命現象ではなく、生きもののことを知るには〝ゲノム〟全体を研究の対象とする必要があるという考えは当然すぎるくらいのものです（もちろん日常的には各遺伝子の分析は重要です）。

「生命誌」は、ゲノムが考えられるような時代になったからこそ考えられる知です。遺伝子という断片ではなくその総体、それだけでなく生きものそのものを考えられる時代になったのです。

ただ、ハエのゲノムでは、徹底的に研究する対象としてはちょっと魅力に欠ける。やはり、ヒトはどうなっているのだというのが最も知りたいことです。つまり「生命誌」は、分子生物学の流れの中に個別遺伝子の研究からゲノムという認識への移行があるのを踏まえて生まれたのです。「生命誌」では、「ヒトゲノム」の研究は、ヒトを総体として知るという総合的視点の提案になります。実は、「遺伝子」という言葉は最近あいまいになってきました。ヒトがもっているＤＮＡの中には、前にもちょっと触れたように明らかに遺伝子としてはたらいているところもあれば、なにをしているかわからないところもあります。本当にはたらいているとわかっているところはむしろ数％。それなら、そこだけ集めればヒトができるかといえば、おそらくそうではないでしょう。よくわからないけれど、一見無駄にみえるところもすべて含めての総体が、ヒトの細胞の中でヒトをヒトとして存在させるためにはたらき、また次の世代へ受け継がれていくのです。

ですから生きもののことを考えるなら、あいまいな「遺伝子」ではなくゲノムを考えるべきなのです。メンデルがあまりにも偉大であったために遺伝といえば、遺伝子と答えることをふしぎに思わずにきました。私はこれを「メンデルのわな」とよんでいます。このわなから抜け出して「ゲノム」という総体を考え、そしてヒトはどうしてヒトなの？という問いに答える。それは「遺伝子」から「ゲノム」への移行であり、物理的思考から生物的思考への移行です。そこでの問いはDNAの構造やしくみを知ることが窮極の目的ではなく、それを通して生命体の流れと関係を知ることになるのは前にも述べたとおりです。

こう考えてみると「ヒトゲノム・プロジェクト」は重要な動きです。それに「個々の遺伝子の分析をじゅうたん爆撃的に行なうこと」というイメージを与えたアメリカが、まずいことをしてしまったのです（専門家の中にも、ゲノムの重要性を明確に意識していない人もいます。意識改革が必要です）。

2　膨大な情報の蓄積

プロジェクトという言葉が、ゴリゴリ進めるブルドーザー型のイメージをよびおこし、生命研究にこの言葉がつくと大事な家の中に土足であがってこられるような抵抗感をよびます。「DNAを端から読んでしまおう」という言葉もよくありません。ここでまた、私なりの解釈をします。ゲノムという意識をもって研究を進めるからには、個別の遺伝子についての分析結果がバラバラに存在したのでは意味がありません。そういうものがすべてデータとして総合的にまとめられることが必要です。そのためには、プロジェクトとしてすべての研究を組織化していくわけです。たくさんのデータが集められ、それがだれにでも使えるようになっている……たくさんの集積の中で異なる研究室から出たデータがぶつかり合い、新しい見方が生まれることもあるでしょう。〝蓄積の中での異質なもののぶつかり合い〟は科学にとって大切です。これまでは、それはすべて人を介していました。そして、おそらく、これからも人の重要性は減らないでしょう。けれども膨大な情報の蓄積と解析はそれだけでは無理になります。コンピューターが不可欠になり、コンピューターを間に入れたおしゃべりも生まれます。

日本での「ヒトゲノム・プロジェクト」（日本ではプログラムとしています）のリーダー役をしている松原謙一さんは、分子生物学者の間の〝おしゃべり〟を越えて、おそらくここからは情報科学とのぶつかり合いによる新しい動きが出てくるだろうといっています。研究成果という情報だけでなく、DNAに入っているヌクレオチド配列がまた情報なのですから、情報科学の専門家が大量に蓄積されたDNA情報に目を向ければ、遺伝情報の特性が引きだせるだろうというわけです。「プロジェクト」をこのような新しい展開を求めた言葉と考えたいと思います。こうして、断片的情報が飛びかうのではない〝物語〟が生まれる可能性が出てくることを期待します。もちろん、研究の途中では、病因遺伝子、役に立つ物質をつくる遺伝子など、実用性に結びつくものが出てきますから、その活用はできます。でも本当に大事なのは、ヒトとはどのような生きものかを語る物語が生まれてくることであると、忘れないようにしたいのです。

ここではっきりしなければならないのは、これは「ヒトゲノム」であって、ブッシュさんのゲノムでも、ゴルバチョフさんのゲノムでもないということです。個人のゲノムの全解読をしようというのではありません。糖尿病や高血圧のなりやすさにつながるDNAの解析ができるようになったとしても、それを検診に使うかどうかは、また別問題です。肺結核、胃がんなどの集団検診が行なわれていますが、これは、経済面からみた社会的効果と受容性などを基本に、さまざまな面からプラスという判断がされたうえでのことです。医療システムの中で充分検討が行なわれています。

ヒトのゲノムを総体として知るという研究活動が直接DNAを検診に利用することとつながるものではありません。医療の中で、この部分は遺伝子の情報が必要だ、それが医療としてよりよいものを生み出すというものは、それとして研究を進めればよいのです。医療からの要望が先になるはずです。どうしても知りたい遺伝子ならそこだけをねらって研究が進むはずです。いずれにしても病気と関係のある遺伝子の知識をどのように使うかまた使わないかは、これから社会として考えて決めていかなければなりません。

ところで、ヒトゲノムが全部解読できたらどうなるのかという質問が当然あります。これは、まさにゲノム研究が真っ向から答えなければならない問いです。一般的な形で、ヒトはサルとここが違っているとか、大腸菌ともここは同じであるなどということがわかりながら一つなぎのひも（ひきのばせば一個の細胞の中のものが二メートルにもなる）が解析できたとして、……おそらく人間の見方が画期的に変わることはないでしょう。このレベルで決められていることと、毎日泣いたり笑ったり大騒ぎをしながら暮らしていることの間には大きなギャップがあります。一〇〇年前よりも医学の知識はずいぶん進んでいますが、明治と現代で人間のとらえ方がすっかり変わってはいません。ゲノムが解明されると、ヒトはどのようにしてヒトになってきたかを知る手がかりは多く与えられるでしょうが、それ以上のことではないと思います。

ゲノム研究についても、技術と倫理にこだわっていると「生命」という魅力的なものをつまらないほう、つまらないほうに押しこめてしまいそうな気がします。生命のもつ豊かな情報をたくさん引きだしたい。その豊かさの中に自分を置けばおそらく、つまらない差別感覚などはふっとぶのではないか。先入観をもって、なにか一つの遺伝子が明らかになることを恐れるより、豊かさを引きだすほうに期待したいと思います。それを「生命」を基本に置く社会につなげたいものです。「文化としての科学」を求め、その具体として「生命誌」を提案するのはそのためです。

第六章　時間を解きほぐす

1　五〇歳という年齢

「生命誌」という言葉を考えさせた要因の一つは、年齢のような気がします。科学史の村上陽一郎さんとは同じ昭和一一年生まれ。大人になってから知ったのですが、中学校が同じです。つまり同じ世代で同じような育ち方をした仲間である村上さんが同じことを書いていらしたので、これは世代感覚だと思うのですが、五〇代になったら、さまざまなことがらの受けとめ方が今までと違うことに気づきました。

数年前までは、時間は永久にあるように感じていました。もちろん生きものには老いや死があることは知っていても、日常感覚としては、自分の時間は無限であるかのように思っていたのです。やりたいことがあればなんでもやってみる。四〇代までは、二〇代とまったく同じように時間はずっと先に続いていて、やろうと思えばなんでもできると思っていました。ところが五〇代に入ったとたん、時間は有限だと実感しました。五〇歳だと自覚して、その後で有限を感じたのではなく、有限だと思うことが多くなり、なぜだろうと思ったらどうも五〇歳という年齢なのではないかと感じたのです。深く考えずに時間を潰していてはいけない、大事だと思うことをやろうと思いはじめたのです。村上さんも同じことをおっしゃっていました。

問題は、「五〇歳」だからという実年齢ではなさそうです。樋口一葉や正岡子規など明治から大正へかけての文学者を病気という切り口で書いた立川昭二さんの『病いの人間史――明治・大正・昭和』†によると、彼らの多くは三〇歳、四〇歳で亡くなっているのに、やはりそこには若いときと晩年の違いがみられます。今は平均寿命が八〇歳ですから、二〇歳で成人として、大人として生きる時間が六〇年間です。これを半分にすると三〇年。二〇歳に三〇を足すと五〇歳です。

つまり五〇歳が折返し点なのです。今までは前方を向いて走っていましたから、終点は見えませんでした。どこまでも先がありそうだったわけです。ところが折返し点を回ったので、終点が見え、それと同時にいろいろなものが違って見えてきたのではないかと思うのです。行きと帰りで、同じ道がまったく違って見えるという体験はよくあります。それと同じように、五〇歳を折り返して「景色」が違って見えはじめたのではないか、今そう考えています。

後ろからは、次の世代の人が走ってきますが、折返し点を回った人間は、そういう人たちを正面に見ながら走るわけです。これまでは、自分より若い世代にはほとんど関心がありませんでした。一緒に考えたり、話したりしたときにおもしろく刺激を受けるのは、年上や同世代の人々でした。若い人が後ろに走っているのは見えなかったのです。今、こちら向きに走ってくるのが見えるのは、世代でいえば若い人々、それから国でいえば開発途上の国です。こういう人たちに、私たちより上手に走ってほしいと願う気持ちが強くなりました。

ゴールも見えてきたにちがいないのですが、まだあまりゴールは気になっていません。ゴールがあるということだけはひしひしと感じながらも、老いよりは次にくる人たちの方に関心が向いています。

これまでと違う考え方をするようになっている自分に気がついて、これはなぜだろうと思い、こんな理由をつけたというのが本音です。あ、折り返したんだと思いあたり、そうしたら納得できて、折返しの道をゆっくり走ろうという気持ちになりました。もう一回、違う景色を見ながら走るのですから、とても楽しいのです。

高齢化が進みますから、老いは大きな問題になりますが、S・ド・ボーヴォワールのような冷徹な目で「老い」を論じるのは、日本人向きではなさそうです。老いが醜いものであることを認めて、それをこれでもかこれでもかとつきつけ、答えを求めていくやり方は好まず、できることならごまかそうとします。老いても気持ちさえ若々しければ青春であるとか、現代はエイジレス時代だから、齢を感じないようにしようとする態度が好まれますが、私は、それはごまかしだし、生きもの感覚としてはおかしいと思っています。

生きものにとっては、齢をとることに意味があるのです。齢をあやまたず感じとって、その齢を生きなければならないのです。七〇歳だって生き生きと暮らしている人はもちろんいて、それはすばらしいことですが、それを青春とはいいません。七〇歳はそれにふさわしくおもしろい時代だと思えばいいのです。それをごまかすのは、老いをマイナスと思うからであり、見方が偏っています。

この実感がおそらく理詰めで割りきる「科学」からゆっくり語る「誌」に移ろうとする変化につながっているのだろうと思います。そこには、生物と時間という問いもあります。時間論のような難しい話ではなく、老いのような日常への関心から始まるのが私流ですが、ここにはなにか大事なことがあると感じています。それも分析的な「科学」から歴史意識をもつ「誌」への移行の一つの要因です。

2　二〇年ごとの節目

一九七〇年に、当時の時代を背景にして生まれた生命科学を、今も重要な分野と思いながら、二〇年その中で暮らしているうちに満足できない部分がたくさん出てきて、「科学」から「誌」へという変換を求めるようになりました。二〇年は、なにか変化を求めたくなる年月かなとも思うのです。ちょっとしたお遊びですが、こんなことがあります。

まず、一九三二年。量子物理学の権威N・ボーアがコペンハーゲンで開かれた〝国際光学療法会議〟で「光と生命」という講演を行ないました。そこで彼はこういっています。

「物理学の基礎の上に生命を理解するためには、自然現象の分析になにか基本的なものが欠けているのではないか。生命現象を解明するには、対象は生きたままの状態にしておく必要がある。ところが、生物を極限まで分析していき、生物の中での原子の役割を解明しようとすれば、生命を奪うことになってしまう。これでは生命の解明にはならない。すなわち、生物には、それが置かれている物理的条件に関して、ある不確定性が残ることは避けられない」。

ボーアは、作用量子を理解するために量子力学という新しい学問が必要であったように、生命現象を理解するには新しい物理学が必要かもしれないという生物学に対する大きな期待を語っています。物理学からの新しいはたらきかけです。実は、この話を聞いた若い物理学者M・デルブリュックが、自ら生物研究に手を染めたことが、現在の分子生物学の基礎をつくったのです。彼がアメリカに渡り大腸菌とそれに感染するファージというモデル系を使って遺伝現象の解明を始めたことが新しい生物学を誕生させました。この研究の中心になった人々は、ファージ・グループとよばれ、遺伝子の本体がＤＮＡであることをつきとめていきます。ボーアの発想から生まれた分子生物学。それはヨーロッパ大陸の学問の蓄積から生まれるべくして生まれた学問でした。

分子生物学の歴史の中で、大きな節目として、ワトソンとクリックによるＤＮＡの二重らせんモデルの発見があげられます。一九五二年、ボーアの講演の二〇年後のことです。ワトソンはファージ・グループの中心人物の一人、Ｓ・ルリアの若い弟子でしたが、先生にいわれたことを、そのまま進めていくことになにか疑問を感じていました。今は、遺伝子の本体とわかったDNAの構造をつきとめることが一番大事なのだと思い、イギリスに渡って、当時X線による構造解析では第一級の仕事をしていた人たちと知り合いになります。ファージ・グループが培った背景をもってイギリスに行き、そこでW・L・ブラッグ以来存在する構造的な考え方をもつ物理学の伝統と接したのです。そして、物理学者クリックとともにDNAの二重らせん構造を発見するのです。〝その中に生命現象の基本を閉じこめている〟としかいえないすばらしい構造の発見により、以後の分子生物学はDNAを中心にして展開します。

ワトソンとクリックという二人の優れた研究者がいたからこそ、二重らせんモデルが提出できたというよりは、デルブリュックがヨーロッパ大陸からたずさえてアメリカに渡り、ファージ・グループで育まれたものが、イギリスの伝統と合体してできた仕事という気がします。もちろん、ワトソンとクリックはすばらしい仕事をしたのですが、それはあのときのケンブリッジという背景の中だからこそ生まれたといって間違いはないでしょう。これはワトソンの書いた『二重らせん』に詳しいのですが、ケンブリッジだけでなく、ロンドン大学なども含めて、イギリスにあった総合的な知の蓄積が新しいものを生んだのです。

それから二〇年が経過した一九七二年。DNAの組換えが初めて行なわれます。これは前にも書きましたように、生物研究の中でたいへん大きな技術開発です。新しい生物学をつくったといってもよいほどです。これはアメリカの西海岸で起こったことです。これも、そのときのアメリカの西海岸でなければ起こらなかったといってよいでしょう。この技術を最初に考えついたP・バーグは東海岸にいたのですが、生物学の新しい展開を考えて東海岸からカリフォルニアに移った先生のA・コンバーグのもとに行きます。当時のアメリカ合衆国にはそれまでの大腸菌の分子生物学から、多細胞の生物学へと新しい展開をしようとする気配がふつふつとあり、しかも西海岸には自由にそれを考える雰囲気がありました。その中でバーグが現れたのです。もちろんバーグという人はすばらしい。しかし、当時のアメリカの西海岸の雰囲気こそが決定的であったと思います。

組換えDNA技術の開発者としてバーグという名前をあげましたが、そのアイデアを実用できる技術として確立したのはH・ボイヤーとS・コーエンという二人の研究者です。彼らもアメリカ西海岸がもつ雰囲気の中にいた人です。そして、二人の出会いは、昼食のハンバーガーをかじりながらのおしゃべりだったといわれています。DNAを特定の場所で切断する酵素の研究やウイルスの研究など新しい動きがうずまいていたスタンフォード大学、カリフォルニア大学、ソーク研究所などにあった知の蓄積と挑戦の精神から生まれた新しい展開です。

さらに二〇年経つと一九九二年。これまでのところはヨーロッパ大陸に発してイギリスを通りアメリカ大陸まで、二〇年おきに大きな発見の場が動いてきました。これをその先に伸ばして地球をぐるっと一回りする大きなうねりを思い描くと、そのうねりの方向はおのずと太平洋を越えて日本に向かっています。九〇年代に、日本だからできたのだと納得できるような、エポックメーキングななにかが起きる。そうなれば、きれいな図式が描けてよいのだがなあと考えます。一九三〇年代に始まって、二〇年という時の目盛りを刻んできたこの流れは、「経済」の流れでもあります。大陸からイギリスへ、そしてアメリカの東海岸から西海岸へ。経済に関しては次は日本といえるかもしれない状況になっています。

けれども科学ではどうでしょう。九二年という年は間近です。今のままでは、これほどの大きな知的な流れを受けとめ、それを育てることが、日本で起こるのはちょっと難しいかもしれません。日本の科学が、かつてのドイツやケンブリッジやアメリカの西海岸にくらべられるような条件をととのえているか、あるいは人々にそういう意識があるかと自問すると、はなはだ心もとないのです。くどいようですが、これまで述べてきたなかには必ず人と人との出会い、そしておしゃべりがあったということをもう一度くり返しておきます。

二〇年ごとというのは思いつきのようなところがありますが、しかし、そのようなテンポで、新しい展開があったことは確かですし、今の研究の流れからみて、日本からなにかを出すことも考えられるはずです。日本でそんなことはできっこないと思ってしまうのは間違いでしょう。九二年は少しせっかちすぎるかもしれません。一つお休みしてその二〇年後には、日本からエポックメーキングな成果が出るような地盤をつくりたいものです。

この二〇年ごとの学問の流れは、物理学から生物学へ、そこからＤＮＡを基本とした新しい生物学の誕生、そして、多細胞生物のＤＮＡ研究へとなります。これは、「生命とは何か」という基本的な問いへの答えを、次々と新しい形で出しているのです。そして今、新しい展開を求めているのは発生・分化、脳・神経、進化などの分野です。ここを考えるところから、次の動きが出るでしょう。

ここで、少し大胆なことをいえば、「生命誌」という考え方は答えを出すためのきっかけになるはずだと思っています。発生、進化、脳と並べるとこれまでの分子生物学には入っていなかった「時間」の因子が入った課題です。「生命誌」の基本になっている流れと関係、つまり時間に目を向けて考えていくところに、新しい課題とブレークスルーがあるはずです。

3 時間を解きほぐす

生命科学から生命誌へという変化は、生命とは何か、人間とはどのような生きものかという問いを、構造としくみではなく、関係と流れの中で問うという変化です。人の体を分析し、一つひとつの部品に分けて、それぞれのはたらきを調べることは、とても重要な作業だけれど、それでは人間という生きものがどういう存在かはわからない。どうしても必要なのはそれがどのようにして組みたてられ、できあがってきたかを知ることなのです。筑波大学の原田宏先生からお手紙をいただきました。

〈先日、北九州の民芸村を一寸覗く機会がありました。木工室には、一切釘を使わずに組みたてる伝統的な家具づくりの工程が展示されていましたが、特に興味をそそられたのは木材の組み合わせ方でした。本腰接とか、几帳面とかの語源も学びましたが、同時に、温度や湿度の変化にも柔軟に対応して、しかも弛みを生じない伝統技術には、生物学的なものさえ感じました。一度組みたてられると、しろうとにはどうすればはずせるのかわからないほどの巧妙さです。われわれが毎日相手にしている生物は、それの何億倍かの複雑さ。三八億年の昔からの組みたて方をビデオにでも撮っておかなければなかなかはずせないのも無理はないと妙な納得をしました。「生命誌研究館」にはＤＮＡのモデルだけではなく、木工細工の模型も並べておいたらとフト考えた次第です。〉

すばらしい示唆です。子どものときから大事にしていた箱根細工を、ときどき出してあっちを引っぱったりこっちを押したりして楽しんでいますが、これはまさに、関係と流れの解きほぐし、別のいい方をすれば、時間の解きほぐしをしているのです。

そのような目でＤＮＡをみると、その二重らせんに、これまでとは違う意味がみえてきます。〝ゲノム〟の項で、メンデルがあまりにも偉大であったために〝遺伝子〟へのこだわりが、どうしてもとれない弊害を述べました。〝メンデルのわな〟から抜け出さなければ、〝科学〟から〝誌〟への変換はできないと指摘しました。

ここで、もう一つの大きなわなからも抜け出さなければならないという指摘をします。それは、〝ワトソンとクリックのわな〟です。遺伝子、ＤＮＡを基盤にして生命現象を解こうとするのは、メンデルとワトソン＝クリックの掌の中で考えることだと決めつけてきましたが、今やこの二つを踏まえながら、そこに少し違う見方をするとき……いやできるとき……いやすべきときなのです。

ワトソンとクリックが発見したDNAの二重らせんモデルは、彼らが最初の論文で控えめに、しかしはっきりと指摘したように、その構造の中に、生命現象の基本を抱えこんでいます。だからこそ、多くの生物学者がDNAに関心をもつのです。外からみると、たかが一つの物質にすぎないものを懸命に研究しているようにみえ、したがって、生命の尊さなどわからない輩とされてしまうのでしょうが。その中に〝生命〟の本質を解く鍵がありそう……誤解を恐れずにたとえれば、生命について書かれた経典やバイブルのようなものといってもよいでしょう。それを解読すれば、生きもののことがわかりそうだけれど、でもそれですべてがわかるというものでもなさそうというところです。

ところで、そのDNAを読みとく鍵、つまりDNAにできることは三つあります。複製、変化に加えてRNAやタンパク質をつくるための情報を出すことです。この三つの組み合わせで、〝生きている状態〟の基本をつくりだしているのですが、その詳細はここでは述べません（『生命のストラテジー』という本に書きました）。ここで考えたいのは、「複製」と「変化」の関係です。

分子生物学の本を開くと、まず複製について書かれています。DNAの構造の魅力は相補的なきれいな二重らせんが、二つに分かれ、また同じ構造をつくるところにあります。間違いなく子孫をつくる、これぞ生物学の本質と考えるのは当然です。けれど、まったく同じものをつくるだけでは多様な生物は生まれようもありません。三八億年前に誕生した〝生きもの〟がいまだにそのままウヨウヨしているだけだったでしょう。いや現実には、それではこれだけの長い時間続くことはできず、すでに生物は滅びていたでしょう。ところが、実際には、多様な生きものが現存する理由は、ＤＮＡが変化するからです。

二重らせんをつくるときに、ときどき相手を間違えたり、紫外線などの物理的刺激やさまざまな物質の影響などでＤＮＡの一部が壊れたり、ときには組換えが起きたり、外からＤＮＡが入りこんできたりと、自然界の中では常にある頻度で変化が起きています。そして変化が起きると、次の複製のときには、変化したものが伝えられますので、少しずつ変わった生きものができていくのです。

4 「変化を消さずに残す」

ところで、分子生物学では、この変化を間違いと位置づけてきました。〝ＤＮＡは正確に複製をするはずのものだが、ときどき間違いが起きる（変異）。ただ、興味深いことに、この間違いが新しい生物を生み出す原動力になる〟というわけです。間違いは決して〝悪く〟はない。

そこが生きもののおもしろさというわけです。

この見方はちょっと違うのではないか。〝科学〟から〝誌〟へと視点を変えたとき、そう思いました。そして、〝DNAは変化できるものであり、しかもその変化を消してしまわずに、そのまま正確に複製して次に伝えることのできるものである。だからこそ生物の基本物質でありえたのだ〟と考えました。変化は〝間違い〟ではなく、変化こそ生きものの本質なのです。そしてDNAのすばらしさは、〝その変化を消さずに残すこと〟なのです。せっかく変化しても、それがすぐ消えてしまったのでは変化しなかったのと同じになってしまいます。もちろん、残り続けるには、その先にあるたくさんの関門を越えなければなりません。変化したために、それまでつくっていたタンパク質がつくれなくなってしまえば残れないでしょう。また、その変化のためにゲノム全体になにかマイナスがあれば、残念ながら続きません(ゲノム全体でのチェックはかなり厳しいはずです)。ですから、変化のうち実際に残れるものはほんのわずかになります。ワトソン、クリックの発見した二重らせんは、〝正確に複製するが、しかし間違いもする〟のではなく、〝変化を消さずに残す〟ことのできるみごとな構造なのです。そこで、DNAは変化、つまり関係と流れを、そして時間を閉じこめたものになります。これを読み解けば、そこに生命体がいかにして組みたてられてきたか、という歴史が次々と展開されるはずです。まさに〝生命誌〟です。

5　生きものの体ができあがっていく現象

ところで、このようにしてDNAを私たちが解析していくやり方だけでなく、生命誌を読む方法がもう一つあります。

一つひとつの生きものの体ができあがっていく、発生という現象をみることです。ここで、閉じこめられた時間が解きほぐされていくといったらよいでしょうか。古くから「個体発生は系統発生をくり返す」といわれています。これはそのままでは正しくはないのですが、現在の生物学の言葉でいうとこうなります。たとえば、人間をも含めて脊椎動物の発生過程をみると初期の発生段階、つまり体節が形成される段階ではどれもだいたい長さ数ミリ、細胞の数にすると一〇万個くらいです。成体になれば、人間、ネズミ、ニワトリ、イモリでは、大きさも形もかなり違うのに、この段階ではほとんど区別がつきません。このレベルでは基本的な体のつくりは同じであり、細部はその後の成長にしたがってできていくのです。このレベルで読みとられている遺伝子は、ほとんどの生物で共通なのです。つまり古くからある遺伝子が読まれているということでしょう。神経管から中枢神経系ができ、そこから脳が生まれてくる……その段階で読まれる遺伝子は次々と新しいものになっていきます。

発生プログラムとよばれる、遺伝的に決まっているこの順序を解きあかしていくこと、そしてそれが形づくられることとどのように関係しているかをみることが、今最も興味深い研究の一つです。発生プログラムの場合、遺伝子が読みとられる順序は決まっていても、それがどの細胞でどのように読みとられるかは、その細胞がたまたまどこに来たかによって決まります。ネズミで調べられたところでは、受精卵が分割して八個の細胞になるところまではどの細胞も等価です。ところが次の段階から、胚の中で外側にまわったものは、栄養外胚葉とよばれる養分になり、内側で内部細胞塊とよばれる部分になったところだけが体になります。ここで、どこに置かれたかによって細胞の運命は、つまりその中での遺伝子のはたらき方は決まります。遺伝子の発現のしかたが外との関わりあいで決まっていくのです。

今、重要な生物学研究はと問うと、多くの人が脳神経、免疫、老化などをあげます。確かにこれらの研究は魅力的ですし、しかも、実用性という面からもたくさんのことが期待されます。けれども、生きものの本質を知るという意味では、時間がどのようにして生きものをつくってきたか、また、生物ができあがるときに時間をどのように解きほぐしていくかという、進化と

中村桂子コレクション

月報 1
第1巻
（第2回配本）
2019年6月

目次

藤原書店
東京都新宿区
早稲田鶴巻町523

中村桂子さんに会って、紡ぐことができた発見

末盛千枝子

中村桂子さんには、いつからだかわからないのですが、なぜか、お世話になってきました。自分では科学者からはとても遠いところにいると思っていたのですが、ある時、「続く」というテーマで弟の舟越桂とともに、彼の仕事場で話を聞いてくださいました。私たちに興味を持ってくださったことをとても嬉しく思いました。

そして、岩手に引っ越してからも、いろんな折に、助けていただきました。具体的に何かというわけではないのかもしれませんが、東北を襲った大津波の時に、人々が皆「想定外の大津波」と言っている時に、中村さんは実に静かに「自然には想定外ということはあり得ません。」とおっしゃったのです。驚きながらも、実に深く納得するものがありました。

きっと私には、あまりよくわかっていないのだと思いますが、中村さんはこの世界に大切なこと、を追い求めていらっしゃるのだと思います。そのような視点で物事を見ておられる穏やかさ、そして大きさ。私には、さっぱりわからないのですが、岩手までインタビューに来てくださいました。そして、お聞きになる事にご返事しているだけだったような気がするのですが、お帰りになった後で、実に大切なことを気づかせていってくださったのだと、少しですが、悟るのでした。それは、どれもとても大切なことで、インタビューを受けてからずっと後で、出来上った映画を見せていただいたときに、そうか、そういうことだったのか、と思い至りました。

何かそこに出てくる人たちが、みんな違う仕事をしていながら、結局は中村さんの掌の上で踊っているような気がしました。この世界の全体を見渡すということはこういうことなのかと思ったのです。

東京で、弟を交えて三人で鼎談をしたときに、多分、中村さんは私たち家族がなぜ美術をめぐる同じような仕事をするようになってきたかということに興味を持ってくださって、「続く」というタイトルのために声をかけてくださったのだと思うのです。そのときに、私は、詳しいことはわからないけれど、少なくとも、人類の初めから、今、この時、少なくともここまで命が続いているということだけは感じますと申し上げました。

本当に不思議なことですが、そのように考えた時に、人の命の大切さというようなことが理屈でなく、実感として感じられると思ったのです。そう考えると、どんな子供でも、すごく大切に思えてくると。昔から、必ずしも結婚して子供が出来たばかりではないだろうし、それでもここまで、どんなことがあったにせよ、命は一度も途切れることなく繋がっているのだと。それはやはり、中村さんに出会って、自分なりに紡ぎだした発見でした。自分のなかで、少し興奮したのを覚えています。それぞれの家族の過去にどのようなことがあったか、そんなことにお構いなく、今ここにこうして存在している命のこと。その当たり前のようなことに気がついて、心静かに興奮したのです。

そして、その頃、中国では一人っ子政策を実施していましたので、私は自分が中国に行って、子供達を見た時に、不思議な違和感を覚えたことを思い出しました。待てよ、これって、この子たちにはおじさんも、おばさんも、従兄弟たちもいないのだということに気がついたのです。なんと荒涼とした風景でしょうか。私たちは、父や母からだけ何かを与えられて生きているわけではないので、これからずっと一人っ子政策が続くのなら、中国はどうなるのだろうかと思ったのです。こういうことも、中村さんにお会いしなければ気がつかないことだったと思います。もしかしたら、中村さんご自身にとっては、あまりに当然なことだったかもしれませんが、中村さんにお会いしたことによって、こんなにたくさんのことを教えられたのです。教えられたというよりも、インスピレーションを与えられたという方がいいかもしれません。

そして、宮沢賢治の「土神と狐」について目を開かれたのもそうでした。あれはすごいお話だと思うと同時に、なんと悲しいのだろうか、もしかするとあれはどちらも賢治が自分のことを語っているのかもしれない、あるいは、私たちは、みんなそうなのかもしれないと思いました。

中村さんに会う前の自分と会った後の自分とでは、まるで違う人間のような気がします。化学変化でしょうか。

(すえもり・ちえこ/3・11絵本プロジェクトいわて代表)

女性の科学者として

藤森照信

もう二〇年ほど前になるが、冬、新潟県のスキーリゾートホテルで泊りがけのシンポジウムが数年に渡り開かれており、そこのメンバーとして初めてお目にかかったのが中村桂子さんを知った最初である。

昼は腕に応じてスキーを楽しみ、美味しい夕食のあと、夜はテーマを決め、ある者が発表しそれを聞いてメンバーは意見を述べ語り合うという、学術シンポジウムというよりは昔のヨーロッパのサロンに通ずるような私的な集まりで、座長格に養老孟司先生が就いておられたから、十数名のメンバーは理系から文系まで幅広く、楽しく充実した数日であった。

中村先生の話題提供は印象深かった。なんせニワトリの卵とウズラの精子を掛け合わせるとどうなるかという自分が試みた実験、いってしまえばキメラを創る実験の話をスライドを交えてしてくれた。

ちゃんと孵化し、ヒヨコのうちはスクスク育ち、羽色はウズラ、声はニワトリという見事なキメラ振りを見せてくれるが、いずれも成鳥になる前に死んでしまう。その理由は不明。

生き物の本質にかかわる内容だったから思考を刺激され、いろんな意見と質問が続出した。

たくさん出された意見の中で今でも覚えているのは、生物学者の池田清彦さんが人間の受精を取り上げ次のように話した。

「受精の時、卵子と精子は対等に一体化しているように見えるがそんなことはない。卵子も精子も、細胞膜の中に遺伝子は納まっているが、受精の時、卵子の中に入っていけるのは精子の中の遺伝子だけで、精子の細胞膜は溶けてなくなる」。

養老先生が受けて、「細胞膜を器、遺伝子をその中に入っている情報とするなら、男は情報を提供するだけで、器はあくまで女のものということになり、その結果、人間は、女の器の中に男半分女半分の情報が入っている状態からスタートする」。

この解説を聞いて、男の観念性の本質が分かったようにその時は思った。生き物についての話の利点は、理系か文系かを問わずだれでも入ってゆけるところにあるが、中村先生の話の面白さはまさにそうだった。

その回かどうか忘れたが、東京への帰りが一緒の列車で、少し離れた席だったことがある。私は大宮で下車、中村さんは上野下車の予定で新幹線は走り始めたが、私はスキーの疲れから寝入ってしまい、気が付くと東京駅だった。目を覚まし、いけない寝過ごしたと思いつつ、座席の前を見ると、小さなメモが挟んである。

「大宮で起こそうと思いましたが、熟睡しておられるので。私は上野で降ります。起こせばよかったかと気がかりでした。中村桂子」と書いてあった。

中村さんの気遣いと優しさを見る思いがした。社会的に活躍しておられる一方、家では気遣いと優しさを発揮してちゃんとした家庭を作っておられるのだナと得心した。

それから何年かして生命誌研究館を表敬訪問した時の話も忘れられない。

「若い時から、意識的に中心と先端に位置するのは避け、少し外れた位置で少し外れたテーマに取り組むようにしてきました。それなのに時間が経つにつれ、中心へと先端へと移動してしまっている」。

女性の科学者がごく少ない時代に科学研究を志し、男だらけの中で道を切り拓いてこられたに違いない。そのように語るのを聞いた記憶はないが、スキーリゾートのある冬、文系のある女性が江戸の吉原を取り上げフワフワした根の浅い話をした時の中村さんの厳しい反応にそう思った。同じ反応を、女性で日本物理学会会長を勤められたことのある米沢富美子さんもしていた。

以上のようなことを思い出しました。

（ふじもり・てるのぶ／建築史家・建築家）

生命としての意志と多様化

毛利衛

子供のころから持っていた宇宙飛行の夢をかなえて、科学者としてもよい仕事ができたと感じ、宇宙から帰還しました。それもつかの間、次は何をしたらよいか、おおきな悩みをかかえるようになりました。宇宙実験の合間で行った「宇宙授業」が日本中で大きな評判になったので、帰国したあとの地上での仕事といえば、全国を回っての講演行脚が主でした。夢をかなえた当事者としてはできるだけ子供に影響を与えたいとは思っていましたが、同時になぜあれほどまでに宇宙へ行きたかったのか、考える日が続きました。

一年ほどたったころ、NHKスペシャル「生命四〇億年はるかな旅」の水先案内人をしてほしいと担当者から連絡がありました。宇宙から地球全体を眺め、また宇宙環境で生命に関する実験に携わったことで、地球生命体の本質により深い興味を抱いていたころでした。ひょっとすると、なぜあれほどまでに宇宙にあこがれていたのかという質問に答えを出せるかもしれないという期待もありました。この番組の重要な監修者のおひとりに、中村桂子さんの名前がありました。最初の打ち合わせ会議にNHKスタジオに行くと、中村さんがいて、私が疑問に思っていた地球生命の問いに、「進化」ではなく「多様化」という概念で丁寧に説明してくださいました。またこの番組全体が中村さんの生命誌というイメージでデザインされており、わかりやすく、また私の科学者としての直観にもとても合うものでした。

一年間一〇回シリーズの大型番組でしたが、スタジオ収録にも慣れてきた第五回目のテーマは鳥の誕生でした。この回の台本をあらかじめ読み、自分なりにその当時の恐竜化石の知識を勉強して本番にのぞみました。収録しているうちに、なぜ恐竜が鳥へと進化し空を飛ぶことができるようになったのか、突然わかったような気がしました。「そうだ、空を飛びたいという意志を持つ恐竜がいたからだ」と。恐竜が絶滅したあと、一部が鳥類に進化したという説はありました。すでに始祖鳥の化石は発見されていましたが、番組作成当時、進化過程ではいるはずの、羽毛を持った恐竜の化石は見つかっていませんでした。私は「大空を飛びたいという意志が働き、恐竜は身体を変え、生き残りに成功したのではないか」という仮説を立てました。

中村さんにこの大胆な仮説の可能性を聞くと、「生物進化的には意志がＤＮＡに影響するなんて、今の生物学者はだれも相手にもしてくれないと思いますが、面白いアイデアですね」と言ってくれました。その後、鳥類への移行過程の羽毛を持った恐竜が中国で発見され、一部の恐竜は絶滅ではなく鳥類へ多様化したことが証明されました。

いまだに、生物の意志がＤＮＡに影響するという説はおそらく生物関係の学会では認められていないと思いますが、私はひそかに科学的に証明される日がいつか来るのではないかと信じています。なぜなら、私があれほど宇宙に行きたかったのは、最初に空に飛び立った鳥と同じように、生命の一種として進化し生きのびるための意志に突き動かされたのでは、と考えているからです。

二回目の宇宙飛行から帰ってきて間もなく、ヒューストンで買い物をしているとき、精巧な造花などを扱っている店をぶらぶらしていました。花ばかりでなく、香りが漂う熱々のおいしそうなコーヒーも、すべてが模造品です。買い物を終えた妻と出口のドアに飾ってあるリースのすみれ色の花を見た時です。蝶が止まっていました。ああこれも偽物かと思い、蝶に触ろうとすると、飛び立ち、また別の花に止まりました。もちろんこの花も模造品です。気になり一時間後に再び見に行くと、移動はしていましたがやはり花に止まっていました。昆虫が蜜もない偽の花に吸い寄せられることは考えられなかったので、直接中村さんに電話しました。彼女も驚いていましたが、蝶が花に吸い寄せられるのは、匂いばかりでなく紫外線も含め視覚にもよるという説明でした。本能で生きる自然の生物も、人工物に騙される時代が始まったことを認識しました。人間のほうはもうとっくに、自然よりも自然のまがい物や人工環境のほうが安らぎを覚える人が多いのが現代の生活です。

宇宙ミッションをすべて終えて帰国し、新しい科学館の館長を受けるかどうか迷った時も、生命誌研究館をはじめられた中村さんに相談しました。いわく「今、日本の多くの科学館の館長は元行政職担当が多く、世界から評価されていません。毛利さん、新しい館長像を日本でも作ってください」という励ましでした。今も中村さんの言われた館長像に挑戦しながら、日本科学未来館の館長を続けています。

（もうり・まもる／日本科学未来館 館長・宇宙飛行士）

有難い御縁に感謝して

梶田真章

南無阿弥陀佛　私が嫌いな言葉は「自然と人間の共生」です。人間は自然の一部以外の何ものでもないのに、人間の周囲にある、人間とは別個の存在のように自然を捉える明治時代以降の用法は今すぐ改め、自然とは目に見える対象ではなく、自分自身も生かされている生き物同士の支え合いのしくみ（佛教で言うと縁起の道理）を表す言葉だという意識を取り戻していただきたいと思います。佛教には全ての生き物を表す「衆生」という言葉があり、人間も「衆生」の一つに過ぎないことを説きます。私のいのちと他のいのちが別個に存在して共生しているのではなく、私が生きていること自体が他のいのちに支えられている共生の姿であり、共生とは共に支え合うことでもあり、共に傷つけ合い、殺し合うことでもあるのです。他の存在と境界を持つ私のいのちは実はどこにも存在せず、食事を通していただく殺された全てのいのちは私の中で重なり合っています。

京都市内で開かれていたフォーラムでJT生命誌研究館初代館長、岡田節人《ときんど》先生と出会わせていただいた私は、JT生命誌研究館を訪れ、人間も衆生の一つに過ぎないことを一目で表す「生命誌絵巻」に感動、中村桂子先生と御縁を賜わることとなりました。一九八四年から私がお預かりしている京都市左京区東山山麓の法然院を一九九六年の春に中村先生が訪ねて来られ、「お釈迦さまの教えと生命誌」と題する対談をさせていただき、その模様は季刊『生命誌』第十三号に掲載されました。思い返せば未だ四十歳手前の私が中村先生に佛法を語らせていただいたことは誠に厚かましく、光栄なことでした。

「因（原因）と縁（条件）が整うことによって物は存在しているので、その条件の一つでも欠ければ一切の事物は存在できない。今の私と次の瞬間の私は同じ私でもなく、また別の私でもない。それが『空』ということです」と語る私に対して中村先生は「科学は簡単なモデルを使い、因果、つまり、ある原因があれば必ず一定の結果が出るとしてきたわけですが、生物学でも縁のようなことを考えなければ事柄が説明できないことが分かってきました。たとえば、卵から個体ができる発生で、基本の情報はもちろんDNA（ゲノム）にあるわけですが、実際にその途中には、偶然も含めてさまざまな要素が影響を与えます。つまり、因・縁・果という関係です。これが生き物の姿なのだと思いますが、やはり科学の方法論としては、因・果をきちんと押さえることが大事で、そこに縁がどう関わるかを見ていきたい。それが生命誌です」と端的に生命誌の意味を説明して下さいました。

その後は折に触れて私が生命誌研究館をお訪ねし、「京都水族館と梅小路公園の未来を考えるシンポジウム」等、法然院を含む京都市内の幾つかの会場で先生にお話いただく等の交流が続きましたが、何と言っても心に深く刻まれているのは、二〇一三年十一月二十七日に開いた「法然院夜の森の教室」で『科学者が人間であること～大震災を経て　なお　変われぬ日本へ～』と題してお話下さったことでした。法然院では毎月一回「読書会」を開いていますが、「科学者が人間であること」を題材に五ヶ月に亘って皆様方と語り合いました。『生命科学から生命誌へ』の「科学と宗教」と題する一項が、二〇一一年三月十一日の大地震・大津波・原発事故を経験されて一冊の本に結実せざるを得ぬこととなった『科学者が人間であること』は、『生きもの』感覚で生きる」と共に私の愛蔵書となりました。

「科学者という人間までが、常に科学的であり、物事をすべて還元論的に解釈していると決めつけることのおかしさを指摘したいのです」と語られる中村桂子先生。科学のコンサートホールである生命誌研究館の館長として宗教心にも通じる人の気持ちを率直に語られるお姿が、私にとっての中村先生の尽きせぬ魅力です。生物学が苦手な高校時代を過ごした私でしたが、先生の御本、そしてお人柄と出合えて本当に有難く存じます。「中村桂子コレクション全八巻」が一人でも多くの皆様方に届くことを心より願っております。合掌

（かじた・しんしょう／法然院貫主）

発生の問題こそが、おもしろいといえます。残念ながらこれらは直接実用性に結びつくところが少ないので、予算をつけるときには後まわしになりがちな研究ですが。免疫現象を調べていくと、一種の細胞がそのときの条件によってさまざまな機能の細胞に分化していくところが重要だということがわかります。老化は、プログラムにしたがってできあがった個体が時とともにだんだんに破壊されていく過程です。つまり、実は、これらのトピックスでも、興味の本体は、生物の中で時間がいかに解きほぐされていくかというところにあるのです。

生きるために最低限必要な遺伝子の数は五〇個くらいともいわれますが、現存生物の祖先細胞の中には一〇〇〇個程度の遺伝子があったのではないかと考えられています。それが変化したり、重複したり、組み合わさったりしながら次々に新しいゲノムをつくりあげてきたのです。今、脳についても、そのような考え方が出されています、もっともこれはまだ遺伝子の場合ほど、実験事実が蓄積していないので、仮説としかいいようがありませんが、神経生理学者の澤口俊之さんが提案している説†はたいへん興味深いものです。フレーム・モデルという次のような説です。

6　脳も少数の単位から始まる

大脳新皮質には、空間的知性のフレーム、言語的知性のフレームというように特異的な機能をもつフレームが存在し、その各フレームが相互にさまざまな関係をもってはたらいていると考えます。各フレームは、低次から高次へとつながっていくいくつかのモジュールからできています。入力系だったら、第一次感覚領野群から側頭連合野にまでつながるものです。このモジュールは大脳新皮質の最も基本的な単位であるコラムからなっています。脳構造が出現したときには、少数のコラムからなるものだったのが、だんだんにコラムが重複して複雑化していくというのです。

かなり単純化していますが、脳構造も、遺伝子の場合と同じように少数の単位から始まり長い時間をかけてそれの重複、変化、組み合わせが起きることによって、さまざまな生きものの脳ができあがってきたという考え方はとても興味深いと思います。コラムが重複して、既存のフレームが高次化、緻密化、多元化することによって脳の機能つまり知性が高等化してきたということは、ここにもまた歴史が刻みこまれていることになるからです。

このように、生きものをみるときに、基本にはすべて単純な構造があり、それが長い長い時間の中でさまざまな変化と組み合わせをしてきたという見方をして、問題は、その〝時間を解きほぐす〟ことであると考えると、系統だった理解ができるように思います。

生命誌での当面の生物研究のテーマは、進化、発生、脳神経をＤＮＡを基本にして解明することと、その成果のマクロな世界とのつながりということになります。これは、生きものの行動、環境との関わり、そして、生態系すべてへとつながっていきます。

もちろん、この作業が完成するのはまだまだ先です。けれどもこのような見方をすることで、現在起きている環境問題の見方も大きく変わってくるはずです。大切なのは、このように時間をかけてできあがってきたもののすべての底にある関係と流れであり、現在の自然を破壊するか保護するかという視点だけではありません。この関係と流れを、ゆったりと、もしどうしても望むなら（というよりは、人口がこれだけ増えてしまったので万やむをえず）少々早めに（少々でなければ無理でしょう）まわしていくことなのです。

第七章　アフリカの朝もや

1　熱帯農業研究所

「生命誌」について考えはじめたのは、個人としては一つの折返し点にいると思い、生きものは次の世代にことを託していくものだと感じたころでした。その気持ちが開発途上国の農業への興味につながりました。人間の次世代だけでなく、国としてもこれから伸びようとしているところが大事だと思ったのです。学生時代、東南アジアからの留学生のお世話をする会に属していて、そのころからアジアには関心をもっていました。それに、私は、あまり国という意識がありません、やることなすこと典型的な日本人だと思うのですが、仕事に関しては、日本のためとか国際的とか考えたことがないのです。自分がおもしろいと思うかどうか、これだけが判断基準です。

ですから以前から友人には、日本でお役ご免になったらもっとのんびりしたところへ行って、そこに合った仕事がしたいなどと言っていました。それだけでなく、「生命誌」という視点から技術をみれば、いわゆる「バイオテクノロジー」の応用分野としては、その土地に合った農業を確立するという課題は最も興味深いものです。組換えDNA技術でホルモンをつくるという類の先端技術ではなく、生態系全体を生かすための援護役としてのテクノロジーです。私は、バイオテクノロジーの役割は、食・健康・環境という領域にあると考えていますが、農業はこの三つを総合的に扱う分野です。

文明の見なおしの基本問題が、農業に集約されているのではないでしょうか。近代科学と、土地土地にある文化との融合をどうするかという問題を解く鍵も農業のなかにありそうです。

そんなときCGIAR（Conference Group of International Agricultural Research）という、開発途上国の農業生産を改良するための研究をするグループから「手伝いませんか」という声がかかりました。「バイオテクノロジーがわかる、お役人でない、女性、日本人」という条件で人選をしたら私のところへきたようです。開発途上国の生活向上の基本には女性の問題がたくさんあるので、活動に参加する側にもできるだけ女性を増やそうという考えがあってのことと聞きました。このグループに属する研究機関は、アジア、アフリカ、中南米など世界中に一三カ所ありますので、なじみのある、アジアの係になるかなと思っていました。アジアの研究機関は、フィリピンのマニラにある「国際イネ研究所」です。ここでは長い間、日本の研究者がよい仕事をしていますし、名前をご存知の方もおられるのではないでしょうか。ところが、たまたまアフリカの研究所で理事の交代があるので、そちらはどうかということになりました。今まで一度も行ったことのないところですから、日常の食生活のイメージさえわきません。大丈夫かなと思いましたが、知らないところを知るのも楽しいだろうと思いお受けしました。そこで、ナイジェリアにあるＩＩＴＡ（International Institute of Tropical Agriculture）「国際熱帯農業研究所」のお手伝いをすることになりました。

お引き受けしたもう一つの理由は、ＩＩＴＡの所長さんにお目にかかったら——アメリカの方ですが——確たる基本理念、短・中・長期に分けたみごとな計画をもっていらっしゃることがわかったのです。対象にするのはアフリカの小農。その土地の人の農法や生活をすべて調べてそれを改良する。生態系を壊さない。できるだけレベルの高い技術を活用する。すべて、まったく同感です。生命科学研究所で仕事ができて最も幸せなのは、そこに自分が共感できる理念があることだと痛感していたので、この所長さんのところなら楽しかろうと思ったのです。ですからアフリカ人の飢餓を救おうという気負った気持ち、かわいそうだからなんとか力になりたいと考えての行動ではありません——そういう気持ちが全然ないといいはることもありませんが。

日本ではグルメブームなどといわれ、世界中の食べ物が口に入ります。けれども食べることを、生きものにとってもっとも基本的なことがらだと考えると、その面についてはかなりいいかげんです。安全性、栄養に始まり、食べものが生きものであることを考えると、エビを世界中からかき集めるなどということには疑問符がつくはずです。レストランでおいしいものを食べているときはなかなか気分がよいのですが、スーパーマーケットで買いものをするときにふと心配になるのは、私たちの食生活がそのような不安定さの上にあるということです。

バイオテクノロジーを、生命科学の延長上の技術として考えるなら、たとえば、そのような食生活を見直すために使わなければいけません。国の政策から始まって一人ひとりの意識まで徹底的に見直しをするに価する問題があります。そのうえ、農業は、環境問題とも深い関係がある。今、日本がかかえている農業問題を経済の面からだけでなく、食や環境などと結びつけて考えると、これはそのまま世界の農業問題になります。開発途上国でなにができるかを考えることは、日本でなにができるかを考えることと同じだと思います。

CGIARは一九七一年、まさに生命科学研究所と同じときにできたグループで、興味深い集まりだと思うのですが、日本ではほとんど知られていません。この活動の発端は一九四二年、メキシコでの活動にあります。当時ロックフェラー財団が、メキシコ政府に協力してコムギを改良し、メキシコの食糧事情を改善するための研究を始めました。ここでは日本のコムギ「農林一〇号」も活用され、一九六二年になってやっとメキシコの気候にあった矮性で収量の高いコムギが一般に利用されるまでになったのです。そのあいだにフォード財団も参加し、フィリピンに国際イネ研究所を創設、アジアのイネの改良に入りました。メキシコでのコムギ、アジアでのイネはともに成功をおさめ、「緑の革命」として評価されました。その後、このような活動は一国の民間財団の仕事ではなく、より広範なスポンサーシップの下にやるべきだという考えが出されて、国連や世界銀行なども加わって議論を重ね、一九七一年に現在のCGIARができあがったのです。

この活動について説明しているときりがありませんのでやめますが、二〇世紀の世界に、たいへん重要なしくみをつくったと思います。直接の援助ではなく、橋や道という短期間に形になるものをつくるのではなく、研究を通して、人間、文化、社会を組みたてていくのですから。これからますます大事な活動になっていくでしょう。幸い、日本は今、この活動に資金的に大きな貢献をしているだけでなく、何人もの方が世界中にあるCGIARの研究所で活躍しています。ところが、残念なことに、日本のジャーナリストは、ほとんどこの存在を知りません。なにも、この活動を宣伝する必要はないかもしれませんが、開発途上国の問題、地球環境問題などを考えるとき、国際化、情報化という言葉が空しく響くなかで、いろいろ教えられる活動であることは確かです。

ところで、一九六〇年代までの「緑の革命」はその時点では大成功と評価されました。東南アジアの政府の要人と話をすれば、「わが国はコメの輸入国から輸出国に変わった」と胸を張ります。確かにそうですし、アメリカを主体とする「緑の革命」に関与した人々の善意と努力はすばらしいものです。その陰にある程度の食糧戦略的な思惑があったことなどは脇に置いて、善意を讃えたいと思います。けれども、アメリカには、他国の人にも私たちと同じよい生活をもたらすのがよいこと、という気持ちがあり、アメリカ型農業を持ちこみました。お金のかかる機械化や、エネルギー多消費型の農業です。その結果、環境が悪化しただけでなく、貧富の差も拡大してしまいました。土地を捨てざるをえない農民が、都市難民になったのです。

ＣＧＩＡＲの中にはこれらの事実を踏まえて、八〇年代、新しい考え方をしようという動きが出ました。

そこで考えだされたのが、「持続性のある開発」です。農業はそもそも地域の持続性を前提とする産業ですから、その土地の人々の伝統的農法の中にある知恵を学びとるところから出発します。そこに新技術や先進国のノウハウを持ちこんで組みあわせます。こうして環境に目配りしながら、なおかつ生産性を上げようという欲張った方向に、八〇年代から転換したのです。アグロエコロジーという分野がアメリカで七〇年代からいわれはじめました。農業は、生態系にはたらきかけざるをえない。しかし、その結果、そこでまた新しく〝系〟とよべるような状態をつくりあげることができるはずです。生態系をよく知り、その能力を生かし、また新しい系をつくるような農業の方法を求める考え方です。

生命を考える立場からは初期の「緑の革命」には疑問がありましたが、ここにあげたような考え方は非常におもしろいと思います。そこで生かせるのは、トラクターや合成肥料以上に、バイオテクノロジーです。

バイオテクノロジーを最も有効に生かす場所はどこかと聞かれたら「持続的開発」をねらった農業をおいてないと答えます。総合技術ですから、新薬を開発するよりおもしろいと思います。「持続的開発」という言葉の意味は、もちろん生態系を持続させながら開発を進めるということであり、前者に重みがあります。ところが、日本で使われるときは、「開発を持続させよ」と解釈されています。環境に目を向けないわけにはいかないけれど、至上命令は開発の持続なのです。日本はなぜか、「開発を持続」しなければ落ちつかない国になっています。もしかしたら、日本が失ってしまった生きもの感覚、どっしり落ち着いた生活感をアフリカから学べるかもしれない。開発という字を眺めながら考えています。

ＣＧＩＡＲは農業を対象にしてきたグループですが、一昨年（一九八八年）から森林のことも考えるようになり、アグロ＝フォレストリー（Agro-forestry）という考え方を出しました。まだよい日本語がないので、このまま使います。森と畑、森林と農業とは、いわば敵同士です。森林を焼いて畑にしてきたわけですし、今も、環境問題と食糧問題のせめぎ合いがあり、食糧を増やそうとすると環境を脅かさざるをえないという現実があります。しかも、森林のある場所の人々の食べ物のためだけでなく、先進国が牧場をつくるために熱帯雨林を大幅に伐るというケースまで出てきました。しかも、森は農業によって切りひらかれてしまうだけでなく、先進国で利用する木材にされたり、さらには酸性雨によって被害を受けるなどの危機にさらされています。そこで森林と農業とを共存させていくためにはどうしたらいいかという大きなテーマが登場します。それへの答えを出す試みがアグロ＝フォレストリーなのです。幸い、日本の外務省もＯＤＡの項目の中にアグロ＝フォレストリーを入れて、積極的に考えています。

森と農業を共存させるアイデアにはいろいろありますが、ＩＩＴＡではおもしろいことを考えています。アフリカの農業は、キャッサバ、トウモロコシ、プランテーン（バナナの一種）などさまざまな作物を畑に混植します。ですから畑は、一見野原のよう。整然とした日本の畑を見慣れた目にはなんとも雑然と見えます。アフリカの人は大雑把だなあ。第一印象はそうでした。しかし、それには意味があるのです。日射しに弱い作物が大きな作物の陰で育ち、根の張り方の違う植物が土を守りあうのです。けれどもこれでは生産性を上げるのは難しい。刈りとりの際の面倒を考えただけでもそれはわかります。

そこでせめて畝をつくろうということでいま畝づくりがテーマになっています。畝をつくりながら、しかも混植と同じよさをもつ。そこで一つのアイデアとして、一畝ごとにアカシアの木を植えることが考えられました。アカシアはマメ科ですから空中のチッソを固定して養分にします。樹木ですから根を張ります。カンカン照りが続いたかと思うと豪雨がやってきて、カラカラの土地を洗い流してしまうようなときに土が押し流されるのを防ぎます。しかもアカシアの葉は、ヤギが好んで食べます。これを食べさせた家畜の糞をまた土にもどします。葉の一部は土の上に敷きます。木の部分は薪にもなります。育つのが早いですから一年の周期で、葉は家畜に食べさせ、木は薪にし、これをぐるぐると回すというアイデアです。

ここでは小さいながら森と農業の組み合わせが実現されています。森林破壊の原因の一つに薪としての伐採があるので、アカシアを薪として利用することで、本来の森を保護することにもなります。これは今、実験圃場ではかなりうまくいっており、普及の計画が進行中です。実際にとりかかってみると、南米からムシが入ってきたとかウイルス病が出たとか、新しい問題にも直面させられますので、バイオテクノロジーによってウイルス耐性にすることなどが大切になります。大がかりでどこでだれがやっても同じという方法よりは、その土地向けに工夫されたやり方のほうが魅力的です。まるでゲームみたいでおもしろいのです。「緑の革命」は、力で勝負という感じでしたが、アグロ＝フォレストリーは自然との知恵比べであり、これが本当の技術ではないかなと思います。「生命誌」の考える技術はまさにこういうものだとおもしろがっています。

2　アフリカの朝もや

初めて行ったアフリカの印象。ごく短い滞在ですから、あるときの個人の印象ですが、とにかく、初めて外に出た子どもと同じで一つひとつが新鮮でした。

私が行ったナイジェリアにはロンドン、パリなどから毎日、飛行機が飛んでいますが、常に満員で、早く予約しないと切符がとれませんよと注意されました。確かに満席でした。チューリッヒの空港では、アフリカ行きは隅の方の少しさびれた感じがする場所があてられており、なにかヨーロッパとアフリカの関係を実感させられました。ヨーロッパに来ることのできるアフリカ人は、恵まれた人でしょうが、ちょうど中国や東南アジアの人が日本に来て、秋葉原で炊飯器やラジオなどさまざまな電器製品を山のように買いこんで、大きな荷物を持って成田から乗りこむのと同じ風景が見られます。「機内持ちこみ」荷物が五つも六つもある。係官がそれを一つひとつチェックするので搭乗にひどく時間がかかります。ここまで持ちこんでしまえば、こちらのもの。持ちこめないことはないのだといっていましたが、やりとりが面倒と思うからでしょうか、なかには、係官のすきを見てサッと脇からゲートの中に荷物を滑りこませる人がいます。たいていは見つかってまた引きだされてしまうのですが、私の見ていた間にも二人は成功していました。こうして文章にすると馬鹿げた話ですが、現場ではやけに実感がありました。

ナイジェリアはアフリカの中でも治安が悪いといわれ、一〇〇ドルくらいの袖の下を渡さないことには、空港から外に出られないといわれるところです。私の場合は幸い、IITAの職員が迎えに来て保護してくれますが、現場の実感に欠けるのはよいような、悪いような気がしています。

最初に行ったのは一九八九年の一二月で、西海岸では乾期が始まったばかりのときでした。乾期の終わりになると、まったく乾燥して視界がまっ茶色になってしまうのだそうですが、一二月はまだ緑が残っており、花がきれいに咲いていました。名前を訊いてもだれも知らないので、結局どれも名前はわからずじまいでしたが、色の鮮やかさは印象的でした。

ハマターンといって、ちょうどサハラ砂漠から風が吹いてくる時期で、中国からの風が日本に黄砂を搬《はこ》んでくるように、サハラの小さな砂を搬んで風が吹いてきます。砂漠から風が吹いてどうして涼しいのかしらなどと素朴な疑問をもったのですが、ともかくその風が涼しく、しかも乾期が始まったばかりでまだ湿気も残っていますから、朝起きると必ず、もやがかかっています。うっすらとかかったもやの中を歩くと、アフリカという言葉から受ける強烈な印象とはほど遠いやわらかな空気を感じふしぎな気分になります。朝一〇時前は涼しく、夜は一八度くらいまで温度が下がり、冷房なしで心地よく眠れます。赤道直下だというので覚悟していったのですが、日本の夏よりは、はるかに過ごしやすく感じました。

もっとも日中は三〇度を越し、昼から二時くらいまでたんぼの中を歩いたときは、からだ中の水という水が干あがったかと思うほどカラカラに乾きました。ジリジリとヤケつくような感じではないのに、やはり日射しが強いのでしょう。朝五時ピッタリにコケコッコーと元気よく鳴くニワトリの声でめざめ、一瞬、疎開先で過ごした小学生のころに戻りました。タイへ行ったときもそうでしたが、ふと小学校のころへ引き戻される風景や空気。単なるノスタルジーを越えた、生きもの感覚とでもいいたいものがよびさまされます。

3　氾濫を待ってイネをつくる

ニジェール川の上流に水田があり、アフリカ原産のイネをつくっています。インランドバレーとよばれる内陸の谷で、今は日本人も手伝って、灌漑など改良が加えられ生産性向上の努力がなされています。森に始まり、サバンナ（灌木も点在する熱帯草原）から谷へ。車で走っていると、一時間か二時間ごとに気候と植生が変わります。ラゴスは海岸にありますが、ＩＩＴＡのあるイバダンは、ラゴスから車で二時間ほど内陸へ入ったところであり、そこからさらに五時間くらい奥に入ったところにビダという水田のある場所があります。その間、ごく大雑把にいって三つの気候帯が現れて、植生も変われば、農業も変わります。日本でアフリカの方に「アフリカの農業は？」と質問しても、はっきりした答えがなくて不満だったのですが、答えられない理由がよくわかりました。ちょっと動くと違った土地になるのですから。ひとことでは答えられないよ、ということだったのでした。

内陸谷でのコメづくりの話をきいて、びっくり。雨期になると川が氾濫し、その水のひいた名残りの場所を水田にするのだそうです。中学校の地理の時間に、ナイル川が氾濫した後に農業が興り、それがエジプトの文明を生むと習ったのを思いだし、子どものころどころか、何千年も昔に戻った感じです。

研究所の人たちが考えだしたのが、川から大きく迂回する運河をつくることです。今までは氾濫して水が覆ったところだけが水田になったのですが、運河による灌漑で、イネを植えられる面積を広くしていきます。肥料も使いますがそれは最小限にし、なるべく川の肥沃さを生かすやり方で、それに合った品種をつくりだしています。エジプト文明から少々の脱却、というわけですが、灌漑をして、たっぷり肥料をまいてという方法よりも安心感があり、もっと効率よくやればよいのにという批判の気持ちは起こりませんでした。研究所の人を積極的に受け入れて協力している村の長老の笑顔がよかったからかもしれません。

4　おおらかに四角くない家

ラゴスの空港のそばは、ハイウェイが走り、高層ビルが建っていますが、ビダまで来ると、赤い土を積みあげた家に草の屋根がのっています。農家は丸いのですが都市に近くなると四角。でもそれが実は四角くないのです。いちおう四角でちゃんとドアもはまっているのだけれど、ちょっとずれたりしている。四角のつもりだけれど四角くない。それで三階建てくらいまであります。このおおらかさは日本人にはまねできないなと、思いました。直線や点といった幾何学的な概念は人間の頭の中だけにあって、自然界には垂直も水平も存在しないとはいいますが、四角いつもりで四角くない家が並んでいる風景は、なかなか魅力的でした。

都市に近くなるにつれて屋根がトタンに変わります。日本の藁葺屋根からもわかるように、草の屋根のほうが涼しくて気候に合っているはずですが、聞くところによると日本の商社が草の屋根では雨もりがして気の毒だと、寄付をして全部トタン屋根にしたのだそうです。ところが温度が高くて雨も多いのでサビがすごく、とんでもない大きな穴が開いてしまって、草の屋根のときよりはるかにひどい雨もりになってしまったという話を聞きました。ちょっとできすぎていますが、本当のようです。善意って難しいですね。

イバダンはラゴスの次に大きな町。通りは人、人です。「イバダンの人口は？」と研究所に勤めているナイジェリアの方に訊いたら、「さあ、二〇〇万から五〇〇万かな」だそうです。これまたおおらかですが、すましてそう言われると、こちらも「ああそうですか」となります。これで済む世界もあるのです。二〇〇万から五〇〇万という答えには二つの理由があって、一つは統計がないからわからないということですが、もう一つは、季節によって、日によって、その程度の人口の移動があるらしいのです。人の移動たるやすさまじいもののようです。

おおらかさといえば、こんなこともありました。研究所から水田まで五時間というと相当郊外に行くのですが、そこまでハイウェイ（といっても片側一車線）がきれいにできています。車の時代、まず道路からというのはどこも同じですが、ナイジェリアはとくに石油が出るので、輸送のトラックのために道はよくできています。ところが、道路脇に横倒しになったトラックがそのままになっているのにしばしば出会いました。恐いというか、いい加減というか。

水田まで三台の車に分乗して出かけたのですが、その前をガードの車が走ってくれました。途中危険がないとはいえないことと、交通の大混雑にまぎれこんでしまったとき、整理をするための先導です。ところで、一号車に乗っていた私が、三〇分ほどして前を見ると、その車はいません。もう郊外だったので、役目を果たしたから帰ったのかなと思っていたら、目的地に着くと、ガード役がニコニコしながらジュースを飲んでいるではありませんか。つまり快適に走りはじめたら、後からついてくる車が大丈夫かなんてすっかり忘れて、自分たちだけ気持ちよく走っていっちゃった、というわけです。思わずふき出してしまいました。

5 アフリカの子どもたちの語っていること

農村に行って畑に出ると、子どもたちが、ぞろぞろ集まってきます。くりっとした目をしたかわいい子ばかりです。ただ着ているものは、どこかから送られたものなのでしょう、大人ものを着ている子もいれば、暑いところでセーターを着ている子もいて、そのどれを見ても、洗ったこともなさそうで泥まみれです。ちぢれた毛の中に虫なのかゴミなのかわからないものがついている。ニッコリして、お互い顔を見あわせるのですが、そこまでです。研究所からとめられているからです。初めましてと思いながら、握手ができない状況に置かれたのは初めてなので、とてももどかしく思いました。「もの」を援助するのではなく、食べものづくりの方法を一緒に改良していくという研究所のやり方は間違っていないと思いますが、それにもまして、子どもたちの衛生や教育の必要を、子どもの顔を見ながらひしひしと感じました。

日本の明治の農村を想像してみると――日本人は清潔を好みますし、水の豊かさがそもそも違うので、単純な比較はできませんが――貧しさにおいては、今のナイジェリアとたぶん甲乙つけがたいと思います。そのなかで、日本はともかく学校に行かせました。抗しがたい「お上」の力があったにせよです。これこそが日本、と改めて思います。寺小屋のころから、親が食べものを食べなくとも、労働力である子どもを学校に通わせた、それが日本をつくったのだと思いました。

とにかく、子どもを学校にやるという状況を社会の中につくることが大事です。平凡な答えですが、その子を見ながら思いつづけていました。ナイジェリアは二〇〇〇年を越えた時点で人口が四億になるといわれています。中国、インドに次ぐ多さです。それだけの人口になることが予測されていて、しかも現状がこのようであるとしたら、ナイジェリアをなんとかできるのはよその国ではありません。よそからあれこれ言ってどうなるというような生やさしい問題ではありません。

たとえばタイに行くと、ちょうど私の子どものころの日本に帰りついたようで、なつかしく感じます。タイの場合は、たまたま白いシャツと黒いスカートやズボン、という日本の制服と似たスタイルの子どもたちが朝、夕、町を歩いている。その風景は、ちょうど私が子どものころの東京と似ています。それだけに、タイの行く先は想像できる気がします。その行き先が良いか悪いかは別にして。ところがアフリカはどうなっていくのか、まだ見えません。ただ、日本の特徴を生かした手伝いとしては、教育システムをつくっていくというやり方があるのではないかと思います。ちょうど国際識字年でもありますし、教育は最も難しいところかもしれませんが、橋や道路よりも大事だと思います。

6　色と音楽、あるいはナイジェリアのやっこ豆腐

研究所にアフリカの人の絵やエッチングがかざってあります。ろうけつ染めもあります。それから何千年も昔からつくっているのだそうですが、複雑な色のビーズをつなげたネックレス

も。それらの色彩感覚は、みごとです。研究所の中に、スタッフの子弟のために小さな学校があるのですが、子どもたちがつくった原色を巧みに使った明るい壁かけがすてきです。この小学校にいる子どもは、アフリカ人だけではないのですが、ここでは、どこから来た子どももこういう色づかいになるのでしょう。これから何度か行く機会がありますので、もっと深く見たいアフリカの一面です。

私の「アフリカの印象」の始まりは、民族学博物館でのアフリカの民具の中のベニンの壁かけとの出会いにあります。その色がそれまで見たこともない原色の組み合わせで、さまざまな動物などのシンボルのアップリケが強烈でした。素朴でしかも洗練されている。一〇年ほど前ですが、それが印象的で、こんな色のあるところはどういうところかなと思ったのでした。

ナイジェリアの空港に迎えに来てくれた研究所の車で、運転手さんがカセットテープで音楽を聞いていました。リズム主体の音楽は普段あまり聞かないのですけれど、時と場所でしょうか。体にしみこむようで楽しかったので、こんなカセットを聞いてきたと日本に帰って友人に話したところ、「無知は困るね、今ナイジェリアは、世界で最も注目されている音楽の場の一つなのだ」といわれてしまいました。

公衆衛生と教育だけをなんとかして、あとは、アフリカ・ペースがよいのかなあというのが今の気持ちです。

農業といっても、つくるところだけでなく、収穫後の技術も大事です。今、アフリカで大豆の利用が進められています。タンパク源としての大豆の普及です。今までは大豆は輸出用でした。ヨーロッパが、アフリカで大豆をつくらせて、それを油用に輸入している間は、「この豆は毒だ」といっていたのです。毒だと思いこんでいる人に、大豆を普及しようというのですから、面倒です。しかも、かつてはナイジェリアから大量に輸入していた大豆が、アメリカから安く手に入るようになると、大豆の栽培を一度はやめさせたという経緯もあります。アメリカで大豆をつくるのはアメリカの利益に反するというわけです。アフリカの人のタンパク源として考えるようになったのは結構なことですけれど、これまでの歴史を知ると、ずいぶん勝手なことをしてきたものだと思います。普及用のパンフレットには、〝大豆は毒ではありません〟という一項があります。

大豆は、そのまま食べたのでは消化が悪いので、加工の必要があります。

IITAでは、豆腐づくりの専門家である日本人の中山さんが豆腐づくりの研究をしています。中山さんが現地の人と話をしているうちにナイジェリアにはソフトチーズに近いものがあり、ミルクの中に「ボンボン」という草の液を入れてつくることがわかりました。折ると白いヌルヌルした液が出てくる草なのですが、その液をミルクの中に入れると――今詳しく調べているところですが、その液の中にある種の酵素があるらしくて、そのはたらきで――ミルクが固まります。それをナイジェリアの人たちはいり豆腐のようにしてご飯と一緒に食べていることがわかったので、中山さんはこの液を大豆の搾り汁の中に入れたら豆腐ができるのではないかと考えました。やってみたら大成功。私も食べましたが、大豆っぽさがちょっと残ってこくのあるおいしいお豆腐でした。

にがりを入れて豆腐をつくるノウハウを、あらためてナイジェリアの人々に伝えるのはたいへんですけれど、大豆の搾り汁の中にボンボンの樹液を混ぜなさい、というのは簡単です。これを広めていきたいと今、どれくらいの分量の搾り汁に、液をどれくらい混ぜるとどんなものができるかを調べ、マニュアルをつくっています。固いものは揚げて食べるとおいしい。ナイジェリアの冷やっこもなかなか乙かもしれません。

この研究所では、一つの社会の中での食という問題を総合的に考えていくのですから、興味深いと同時にたいへんなことがたくさんあります。現実を見ればたいへんなことのほうが多いかもしれない。けれどもなにかが着実に積みあげられているという実感はあり、実際に現場で活動をしている方と年二回会うのが楽しみです。

「生命誌」の活動として文化やサロンなど、お遊びふうな装いのところを強調しましたが、地球環境や食べものの問題は大事なテーマです。生態系について知るといっても、現在のものを知るだけではなく、これまで地球上で生きものたちはどのようにして生きてきたのかを、すべての基礎として知る必要があります。アフリカに近づき、そこでの農業を考える機会がもてることは、大きなプラスになります。

7 農業高校応援団

日本の農業についても、CGIARの考え方である持続性のある開発は当然考えなければならないことです。けれども、「農林水産省の農業政策は……」とか、「日本の農業は……」となると開発途上国と違って、伝統農業を生かす方策は出しにくいのです。休耕田、米価、農作物の輸入の自由化など、政治や経済の難しい問題になります。けれども、DNAや細胞についての研究成果を生かして、新しい農業を考える余地はたくさんあります。

ベルリンの壁が崩壊し(一九八九年)、東ヨーロッパの国々を奔流のように「民主化」の波が洗っている今日、イデオロギーがなにかを決定していく時代ではなく、体制・反体制の時代でもありません。たとえば、有機農業活動を、体制に対する戦いととらえる時代ではないと思うのです。未来を見る目があるかないか、生きものに目を向けているかどうか、それが、私の判断基準です。

今私は、所属団員一人の農業高校応援団をつくっています。農業高校に限らず、職業高校に興味があります。高校教育は一人ひとりが大人になってからの生活と結びつく準備を始めるときです。数学者になるぞという子はともかく、普通は紙の上での面倒な計算を学ぶだけでなく、職業に結びつく技術の勉強ができたらどんなによいだろうと思います。コンピューター、バイオテクノロジーなど、実地に勉強したら、わからない微積分で悩まされるより、はるかに楽しい、身につくものになるだろうと思っています。現に、大学生に聞くと、「中学までは数学が得意だったんだけれど、高校で急にわからなくなってしまって。小さいときから理系だと思い、そういう方向に進みたいと思っていたのに、大学は文系になりました」という学生が少なくありません。この人たち、高校でコンピューターやバイオテクノロジーの実地を学んでいたら、理系大好きがそのまま続いて、よい技術者になったのではないかと思います。それなのに、偏差値というおかしなものさしのせいで、職業高校は普通高校へ行けない子どもが行くところというおかしな状況になっています。

今、産業や技術はどんどん変わっているので職業教育も変えなければならないはずです。職業高校を魅力あるものにしたら、今の教育問題のかなりの部分は解決するのではないでしょうか。とくに、農業は未来のないつまらない産業などという位置づけに甘んじていないで、農業高校を新しい農業（それは持続的な開発を基本にするものだと思いますが）をめざす考え方や技術をつくりあげていく場にしたらよいと思います。現に魅力的な農業高校がたくさんあります。バイオテクノロジーは、設備が小さくてすむので、たとえば花や野菜の組織培養をする設備は、三〇〇万円くらいで備えられ、高等学校で充分できるのです。ですから、そういう設備を整え、農業を足腰の強いものにしていこうとしている学校がいくつもあります。

それを見ていると、結局決め手は、熱心な先生の存在であることがわかります。制度の変更など面倒なことをせずとも、熱意のある先生に応えられる柔軟な対応ができればよいのです。静岡県立農業経営高校の校長先生が、創立三〇周年を記念して、卒業生を訪ねて聞き書きをした『はばたく農業後継者』という記録をいただきました。自ら卒業生のところに行って聞き書きをしようという意識をもつ校長先生のもとで、すばらしい人たちが育っています。たとえば酪農を始めたところ、どうしても借金しなくてはならない状況に追い込まれた卒業生の例がります。自分は本格的な酪農に賭けるけれど、自分だけで考えて借金をしてからお嫁さん探しをするのはよくない。まず結婚をして、二人で一緒に計画を立てて、その実現に努めたいから、先にお嫁さんをもらうのだという考えを知って、なんとユニークなのだろうと微笑ましく思いました。彼はアメリカで学んだ酪農技術に日本に合った工夫をこらして夫婦ではりきっています。なかには、農業を会社組織にして、五年たったら社員に一〇〇〇万円ずつ給料を払いたいという人もいます。二〇代の後半から三〇代の前半くらいの人ばかり、おおむね農家の後継者です。親ととことん話しあうと、親もいくぶんかリスクは認めながら、それに賭けることを許し、応援してくれるようです。

これは一例にすぎず、実例はたくさんあります。農業高校では、熱心な先生方が、「農業クラブ」という組織をつくっており、全国にある四〇〇あまりの「農業クラブ」が毎年一回集まって、コンクールを開いたり、考えを発表したりしています。一九九〇年の四〇周年のときにその会合で応援演説をしてきましたが、なにより、生徒たちの発表が感動的ともいえるすばらしいものです。五〇〇〇人近くの先生や生徒が全国から集まって、日ごろの研究の成果を競いあいます。この会に参加したら、日本の農業の将来は明るいぞと思えてくる……。この組織は、もっともっと生かしていきたいと思い、応援団だけでなく広報も引き受けました。一年に一回だけ集まるのではなくて、ふだんから互いに情報交換ができる状況をつくれたらよいし、できそうなことはたくさんある。ポテンシャルもある。ここでも夢がふくらみます。

ナイジェリアも農業高校も考えるべき対象は同じです。自然、環境、食べもの。そういう問題を日常の中で考えて具体化していく。人間が足を大地にしっかりとつけて立つことと結ばれているテーマです。環境や農業の問題は政治と切りはなせませんが、政治の言葉で声高に叫ぶよりは、地道な教育をやるほうがよい回答につながるのではないかと思っています。

ここで紹介した例はどれもゲリラ的ですが、なにか大きな動き、まだ全体はつかみきれていないうねりのようなものの現れと感じられます。一〇年くらい経つと、これらの動きの中から、大事なものが育ってきそうな予感がします。

「生命誌」という考え方を、かけ声やお題目に終わらせるのではなく、現実化する――アリストテレスにならっていえば、可能態を現実態に変えるということになるでしょうか――場として「生命誌研究館」を構想しています。そのプランのおおよそについては、次章で書きますが、小さなシステムをどこかでつくってみたいのです。論を立てるのは苦手ですし、政治も性に合わないので、あまり大きなことではなく、小さくてもおもしろい芽を探しだして、それを応援したり育んだりしていくことをしたいのです。「生命誌研究館」の主題は科学ですが、それが農業など、社会に根をおろした活動と、どこかでつながっている状態をつくるのが夢です。

第八章　生命誌研究館

1　実験室のあるサロン

生命誌のもつさまざまな側面を書いてきました。その基本には、生物学が再び博物誌の時代に入った、いや生物学は本質的に博物学であるという気持ちがありました。多様性への関心です。そして、今という時代もまた多様化を求めています。それも、単なる相対ではない多様を。西欧的近代化の中で追求された、絶対、唯一、基本原理、究極の要素などへの対極として、二〇世紀の後半には相対主義が頭をもたげてきました。学問的には文化人類学が、地球上のさまざまな地に特有の文化のあることを示し、科学や科学技術についてさえ、地域性を重視する方向を求めています。さまざまな地域にある文化を進んだもの、後れたものと一直線に並べるのではないこの考え方は、人間を万物の霊長と位置づけるのではない考え方をする現代生物学の立場と相性のよいものです。しかし、相対主義は、何事もよしということになり、カオスに陥る危険もあります。しかも、通信、交通の発達で文化の相互乗り入れがさかんな現在、各文化のもつ伝統の座が揺らぎがちで、日常生活の中でのよりどころも不安定になります。そんなとき、生物学が、すべての生物は生命現象の基本をＤＮＡという物質にゆだねているという点では普遍性をもちながら、そのうえで多様な姿をみせているということを明らかにしたことには大きな意味があります。

博物誌の時代のように、ただ多様なものを集めて並べたり記述するのではなく、すべての生物が相互に深く関わりあい同じ流れの中にあることを示せるからです。人間の文化にも共通性があり、そのうえでの多様という関係がみえてくる時代が来てほしいものです。

生命誌を、科学という限定された学問の一つというより私たちの生活そのものに深く関わる知としてつくりあげていきたいと思うのは、未来を見通すきっかけがここにありそうな気がするからです。

そこで、生命誌を行なう場として「研究館（リサーチホール）」を考えました。実際に研究を行なう建物は既存の大学や研究所、ときには科学館であってもよいのですが、そこで行なわれるべきこと、そこでの活動の基本理念は「研究館」であってほしいと思います。

研究館とは何か。ひとことでいえば、実験設備のあるサロン、とにかく開かれた場です。生命科学から生命誌への移行には、日常性、思想性、時間、物語性など、本来人間の知の中に存在するものの中で分科を進めた科学が失ったものを取りもどすという意味があります。実験という手を動かして生きものを実感する作業を軸に、さまざまな学問とも生活ともつながる広がりをもった場、それをホールとしました。ホールのイメージをわかりやすく伝えるために、コンサート・ホールを例にとります。明治のころ、日本に入ってきた西洋音楽は、今では私たちの生活にすっかり定着しています。テレビやラジオにはさまざまな音楽番組が並んでいます。ピアノやヴァイオリンの演奏は、決して特別な人々のものではありません。そしてコンサート・ホールでの音楽会もみんなのものです。ベートーヴェンの交響曲をN響が演奏するとき、プロの音楽家は、だれを相手にしているでしょうか。もちろん、楽しんで聴いてくれる人ならだれでもです。自分は一流のプロなのだからアマチュアには自分の演奏はわかるまい、などとうそぶく人はいないでしょう。

ところが、科学の場合は、このおかしなことが起きています。科学研究の成果は、学会で発表されたり、論文に書かれたりします。これはすべて科学者仲間に向けて出されるのです。第一線の科学は、専門外の人にはわからないとされます。科学を社会に伝えるときは、第一線のところではなく、なるべくわかりやすい易しいところということになります。コンサート・ホールでは、ときにはアマチュアのオーケストラがベートーヴェンやモーツァルトを演奏し、友人たちがそれを楽しむこともあるのに、科学の場合、第一線の研究にアマチュアが関わりあうことはほとんど考えられていません。

社会に根づいた文化という目でみると、音楽はみごとな文化であり科学は違うということになります。そこで「科学と社会」という形で科学をどのように扱ったらよいかを考えなければならなくなっています。科学と社会という言葉は、社会が科学に目を向け、科学者の側も自分の殻の中に閉じこもらずに社会性をもつという積極的な意味で使われている大事な言葉ですが、考えてみると、このような言葉が存在することに問題ありというわけです。このようになってしまった原因は二つあるように思います。一つは、科学が常に科学技術と結びつけて考えられていることです。そのために、国や企業は、音楽よりもはるかに多くの資金を科学に投入しますから、科学者は社会と無関係でも研究ができることになります。もう一つは、科学があまりに専門化しすぎて、専門外の人にとっては難しいものという先入観ができてしまい、関心をもたないようになってしまったことです。科学は、科学技術という形では社会の主流にあり、科学という形では片隅にあるということになってしまいました。なにかおかしい。もう少し素直に、科学が文化として社会の中にあるようにしたい、それが研究館（リサーチホール）を考えた理由です。その例として、小さな研究館を建てたいと、今、建設準備中です（一九九三年大阪府高槻市に創設された）。

2 「生命の魅力」を次の世代に伝える

「生命誌研究館」で具体的にはなにをするのか。たくさんの願いがありますが、とりあえず次の三つの活動を中心に据えたいと思います。

一つは生きものの科学です。生きもののふしぎを知りたいという知的欲求を満たす実験の場です。一個の細胞である卵からアオムシが生まれ、それが美しいチョウに変わっていくふしぎ。それは、小さな子どもの問いでもあり、生物学の最先端の知識と技術を駆使して、今やっと解き方がわかりはじめた問いでもあります。それを知るには、小さな物質の構造を調べることは不可欠ですが、現代科学がときに陥りやすい、その物質にだけ目を向ける弊害は避け、いつも生きもののふしぎさを解いているのだということを忘れないことが重要です。研究館では、これまで生命科学の分野で精力的に研究をし、科学者社会の中で活発に活動し、後継者を育ててきた人に、研究の中心になってほしいと思います。そういう人の多くは、専門家として優れているだけでなく自然を愛し、人を愛し、人間的魅力にあふれた人です。これまでの研究生活の中で、大事にあたためてきたテーマだけれど、競争的研究の中ではやりにくかった。少しゆったりした課題を選んでのんびりと楽しく研究する雰囲気をつくっていくのです。ここで、生命の物語が読みとかれ、社会に向けて発信されます。

第二は、新しい生命観、自然観、人間観を生みだしていく作業です。これが最も大切な部分といってもよいかもしれません。今、なにかが変わりつつある。その大きな原因は、現代文明を支えてきた理性の崩壊であり、世界をリードしてきた西欧思想の破綻といわれます。そこで東洋思想に目を向けるなどの模索が行なわれています。確かに、転換の時期であるとは思います。しかし、デカルト以来積みかさねられてきた知の蓄積というすばらしい財産を生かすことを忘れてはいけません。それを大事にして、さらに究めていきながらその中に隠されている特質を柔軟に感じとっていくことによって新しい地平がみえてきそうだというのは、現代科学の様相から充分予測できます。

実験室の脇でさまざまな分野の人が集まって、ワイワイと議論をすることによって、なにか新しいものがつかめるに違いないと思います。ここで重要なのは実験室のあるところということです。最近では、生物学、たとえばＤＮＡやＲＮＡに関心をもつ文科系の方は多くなっています。けれども組換えＤＮＡ技術といった途端に、生きものを、荒々しく操作するというイメージを思い浮かべる人は少なくありません。また逆に期待過大の傾向もあります。ＤＮＡの実験が行なわれている場で話し合いをすることによって、実感のある議論ができるだろうと思います。この議論には、ときには政治家や企業経営者も参加してほしいと思います。政治家をスペース・シャトルに乗せたいという話がありますが、外から地球を眺め、豊かなコスモロジーをもってほしいということでしょう。それと同じように、ミクロの世界にもイメージをふくらませる素材が満ちています。

このような議論は連続し、積みあげていくことが重要です。焦らず、サロン風に、知的刺激を求めて話し合いを続け、それを社会にも発信していきたいと思います。そこでは科学だけでなく、音楽、絵画、歴史……人間に関わることはなんでも取りあげていきます。

現代のサロンは、空間や時間の制限を越えて、さまざまな通信手段を利用できます。パソコンやファクスを使えば、一堂に会さなくても議論は可能です。ネットワークをつくります。このネットワークは、専門家によるものもありますが、だれもが参加できるものもつくり、議論の層を厚くしていきたいものです。たとえば、中学校や高校の生物の先生が、新しい知識を吸収したり、教育法について語りあったりする場は重要です。さらに、高校生や大学生の間での議論の場をつくるだけでなく、年齢も仕事も趣味も違う人がぶつかりあえるように、研究館では、議論を活性化するスタッフが大切な役割をすることになるでしょう。

そしてもう一つ次世代に生命の魅力を伝えていくことが大事な仕事になります。前にも述べたように、伝える手段はたくさんあるので、それを使いこなすことは必要ですが、やはり伝達の基本は人から人へでしょう。それで初めて情報の断片ではなく、総合的なものが伝えられていくことになります。しかも本当に伝えるには一方向に情報が流れるだけでは不足で双方向のコミュニケーションが不可欠です。それにはやはり人と人が一番。大学生なら、夏休みに二週間ほど実験をしに訪れることもできるでしょう。高校生、中学生には、自然の観察と、実験室の科学を結びつけるような教室を開き、生命について考えるきっかけづくりが考えられます。実は、この試みを夏に三宅島で行なないよい感触をえました。東京へ帰った中学生は、「東京って自然がたくさんあるんですね」という手紙をくれました。身の回りの自然が見えるようになったのです。研究館を訪れた人がみんな、将来科学者になる必要はなく、むしろ、政治家や企業人になってくれたら、すばらしい国づくりができるのではないかと期待します。

研究館には、博物館が物を展示するのに対して研究を展示するという意味もこめてあります。研究館の中で得られた成果を、ほんの小さなことでも、わかりやすく、楽しく展示することも試みます。大学や他の研究所の仲間たちの成果でおもしろいと思うものは、それも紹介します。いかに見せるか。これは、これまでの科学研究のなかではあまり重視されてきませんでしたが、これからはとても大事になると思います。しかも最近は電子顕微鏡の写真なども美しいものがたくさんあります。また見えない世界を視覚化する技術——たとえばコンピューター・グラフィックスなども急速に進歩しつつあります。科学の見せ方というと、すぐに成果をきれいに見せるというところだけに気を使いがちですが、やはり要は内容でしょう。研究の成果を見せるというよりは、研究はどのように考えられ、どのように行なわれるかということを知らせたいのです。科学者の顔を見せるとでもいいましょうか。たとえば、実験というのは、とても時間のかかることだということを知らせます。また同じ細胞でも、ある人には培養できるのに、他の人にはどうしてもできないなどという場合もあるということも大事な情報です。

文化としての科学。人間の知の一つとして、さりげなく、日常の中に広く深く科学が存在するようなしくみをつくってみたい。それが「生命誌研究館」です。科学は本来、日本のものではないからなどといわずにやってみたいと思います。

そうすれば、科学者が変わり、一般の人々が変わり、そして科学が変わっていくに違いありません。

おわりに——おもしろいことが次々とわいてくる

「生命誌研究館」という六文字には、今の私のすべてをこめてあるといったらいくらなんでも大げさでしょうか。とにかく、これを真ん中に置いておくと、おもしろいことが次々とわいて夢が広がってくるのです。それに、思いもかけないお話がきたりもします。一つの学問として考えてもみたい、思想としても、日常性もと欲が出てきます。そしてなによりそこから新しい研究者像を描きたいのです。あまりにも欲張りのような気もしますが、自然にそのような望みが出てきます。科学を単に分析的な一学問として閉じこめずに考えることによって、社会と科学の関係も変わるに違いありません。思いこみかもしれませんが、そう思っています。

津市にある中学校の二年生から文化祭で「生命」を取りあげたいのでアドバイスがほしいと

いう手紙をもらいました。どうしてよいかわかりませんでしたが、せっかくの意欲をそいではいけないと、返事を書きました。そんなことを何度かくり返した後、「文化祭も終わって試験です。おかげさまで私たちのクラスは最優秀賞に輝きました」という報告がきました。生命誌という考え方をするようになってから、このような出会いが増えました。それは単なるお手伝いではなく、自分にとって大切な仕事と思えるのでそれに時間をさくことが苦でなくなりました。小さな石を積んでいるという実感があります。しばらくは、とりとめもないことをあれこれ試みることになるのでしょうが、楽しみながら進めていこうと思います。

一方、学問としても考えていきたいことがあります。生命の基本を遺伝現象から考えてきたのが、二〇世紀の生物学の主流でした。メンデルの再発見に始まった「遺伝学」は、分子生物学によって「遺伝子生物学」になり、さらに組換えDNA技術とヌクレオチド配列分析によって「DNA生物学」になりました。そして今、「ゲノム生物学」になりつつあるということは、「はじめに」と「第五章」で述べました。そしてそれは、生命誌になっていくと私は考えています。これを追っていくと、生命のとらえ方の変遷がみえてきます。これも進めるのが楽しみです。

生命誌は、総合研究開発機構（ＮＩＲＡ）の研究報告「生命科学における科学と社会の接点を考える――生命誌研究館の提案」で初めて世に問いました。最初に書いた疑問を解くために、そのような研究をすることを許して下さったＮＩＲＡの下河辺淳理事長には心からお礼を申しあげます。また、そのときに研究委員として協力して下さった方々……江本佳隆、岡田節人、多田富雄、松原謙一のみなさま……はこれからもお教えをいただく方たちです。実は「研究館」活動をより生かすには、もう一つ新しいタイプの科学館が必要と考え、ＮＩＲＡの研究報告として「科学の根づいた社会にするために――サイエンス・コミュニケーションプラザ構想」を作成中です。またこの二つをまとめて、政策研究として「科学と社会が接点をもつ仕組み――研究館・科学館構想」も出されています。それらもお読み下さると嬉しく思います。

報告書を読んでこれらに興味をもって下さった哲学書房の中野幹隆さんが、私の中でまだ定まらず、常に動いてまとまらない話を根気よく聞いて下さり、なんとかまとめる方向にもってきて下さいました。

せっかく協力して下さったのに、私の中があまりにも激しく動いてアメーバーの擬足のようなものを出し続けている状態であるためにご迷惑をかけました。お礼とお詫びを申しあげます。

これから、研究館を中心に具体的活動を進めていくうちに問題点も明らかになり、考えも固まっていくと思います。できるだけ大勢の方のお智恵を拝借したいと思っていますので、いろいろなご意見をいただければ幸せです。

参考文献

本文中で言及したり参照したりした書物のうち、おもなものを以下に掲げます（本文中†印を付してあります）。翻訳書の場合は、邦訳書名のあとに、原書名を記しました。

リチャード・D・オールティック、小池滋監訳『ロンドンの見世物（全三巻）』（国書刊行会、一九八九―九〇）。Altick, R.D., *The Shows of London*, Harvard University Press, 1978.

F・クリック、中村桂子訳『生命――この宇宙なるもの』（思索社、一九八二）。Cric, F., *Life Itself, Its Origin and Nature*, Simon and Schuster, 1981.

F・クリック、中村桂子訳『熱き探求の日々』（TBSブリタニカ、一九八九）。Cric, F., *WHAT MAD PURSUIT, A Personal view of Scientific Discovery*, Basic Books, New York, 1988.

F・J・ダイソン、鎮目恭夫訳『多様化世界――生命と技術と政治』（みすず書房、一九九〇）。Dyson, F.J., *Infinite in Directions*, Harper & Row, 1988.

J・H・ファーブル『昆虫記』（二〇一七年、奥本大三郎による完訳が完結）。Fabre, J.A., *Souvenirs entomologiques*, 1879-1907.

M・ファラデー『ロウソクの科学』（矢島祐利訳、岩波文庫ほか多数）。Faraday, M. *The chemical History of a Candle*, 1861.

S・W・ホーキング、林一訳『ホーキング　宇宙を語る』（早川書房、一九八九）。Hawking, S.W., *A Brief History of Time*, Bantam, 1988.

F・ジャコブ、辻由美訳『内なる肖像――一生物学者のオデュッセイア』（みすず書房、一九八九）。Jacov, F., *LA STATUE INTERIEURE*, Editions Odile Jacob, Paris, 1987.

木之下晃『小澤征爾とその仲間たち――サイトウ・キネン・オーケストラ欧州を行く』（音楽之友社、一九八八）。

K・ローレンツ、日高敏隆訳『ソロモンの指環』（早川書房、一九七五）。Lorenz. K., *Er redete mit dem Vieh, den Vögeln und den Fischen*, 1960.

松原謙一／中村桂子『生命のストラテジー』（岩波書店、一九九〇）。

L・マルグリス、D・セーガン、田宮信雄訳『ミクロコスモス――生命と進化』（東京化学同人、一九八九）。Margulis, L. & Sagan, D., *MICROCOS, Four Billion Years of Microbial Evolution*, Summit Books, New York, 1986.

J・メイナード－スミス、木村武二訳『生物学のすすめ』（紀伊國屋書店、一九九〇）。Maynard Smith, J., *The Problems of Biology*, Oxford University Press, 1986.

C・セーガン、木村繁訳『コスモス――宇宙』（朝日新聞社、一九八〇）。Sagan, C., *COSMOS*, Random House, 1980.

C・セーガン他、野本陽代訳『核の冬――第三次世界大戦後の世界』（光文社、一九八五）。Sagan, C.,

THE COLD AND THE DARK, *The World after Nuclear War*, W.W. Norton & Company, 1983.
澤口俊之『知性の脳構造と進化——精神の生物学序説』（海鳴社、一九八九）
E・シュレーディンガー、岡小天／鎮目恭夫訳『生命とは何か——物理的にみた生細胞』（岩波書店、一九五一）。Schrödinger, E., *WHAT IS LIFE?*, *The Physical Aspect of the Living Cell*, Cambridge University Press, 1944.
立川昭二『病いの人間史——明治・大正・昭和』（新潮社、一九八九）。
利根川進／立花隆『精神と物質——分子生物学はどこまで生命の謎を解けるか』（文藝春秋、一九九〇）。
J・ワトソン、江上不二夫／中村桂子訳『二重らせん』（パシフィカ、一九八〇、講談社、一九八六）。
Watoson, J.D., *The Double Helix*, Weidenfeld Publishers Ltd., London, 1968.

初版第二刷のための「あとがき」

　時代は変わりつつあるという実感と、次の時代には「生命」と「物語」がキーワードになるに違いないという予感とから「生命誌」という新しい知を考えだしたときには、私なりになにかがみえてきたという感じがしました。その気持ちを率直に書いたのが本書です。

　これほど自分の思うままを活字にしたのは初めてでした。それだけに、一人よがりになっているのではないかと心配でしたが、幸いいろいろな分野から関心が寄せられ、思いがけず多くの方が共鳴して下さいました。情報科学、哲学、発生生物学などの方から具体的に共通項が探れそうな話を聞くこともできました。これからも多くの分野との接触によって「生命誌」をふくらませていくことを楽しみにしています。

　これから考えていこうとしている切り口は、普遍（統一）性と多様性です。考えてみれば、事象の認識は常にこの二つの側面から行なわれてきました。生命の理解もまさにこの二つが相互に絡み合いながら進められてきたといってよいでしょう。二〇世紀後半、分子生物学でＤＮＡという物質の構造が発見され、生命理解の歴史は普遍性で色濃く染まりました。しかしそのＤＮＡが、ゲノムという形でとらえられるようになった今、改めてヒトとは何か、ハエとは何か、という生きものの多様性が語られるようになりました。生きものの基本は、やはり個体です。

人間の知の歴史を、普遍性と多様性を認識し、できることならそれを統合化しようとした努力の連続と見ると、ＤＮＡは、やはりとんでもない奴だ、改めてそう思います。

ＤＮＡがすべてを決定するかの如くに考えるＤＮＡ決定論をもちだして、ＤＮＡを崇め奉るのは時代遅れです。しかし、共通性と多様性を結ぶのは、やはり一つひとつの生きものがもつＤＮＡの総体であるゲノム以外に考えられないという点では決して隅におけません。

ＤＮＡを単に個々の遺伝子としてとらえたり、ＡＴＧＣ……という配列を読みとる対象として見るだけでは新しい生命像は描けません。生命がこれまで体験してきた歴史を書きこみ、またこれから行なうかもしれない可能性を秘めたものとして解明していけば、そこから、生命に起きた個別的ことがらと生命の普遍的な性質が見えてくるはずです。さまざまな立場からのご教示がいただければ幸いです。

一九九二年三月

著者

初出一覧

Ⅰ　生命科学から生命誌へ

「ゲノムとは何か――生命の謎に挑む」　『大阪学講座　文化の発信基地なにわ』（財）大阪都市協会、一九九八年三月（原題「生命科学――生命のナゾに挑む」）

「「生きている」とはどういうことか――生命科学から生命誌へ」　『科学技術と人間のかかわり』大阪大学出版会、一九九八年三月（原題「生命科学から生命誌へ――科学の転換期」）

「科学の呪縛を解く」　『科学』岩波書店、二〇〇一年四・五月（原題「科学の呪縛を解こう――自然・生命・人間をよりよく知るために」）

「生命誌から持続可能性を考える」　『神奈川大学評論』六八号、神奈川大学、二〇一一年三月

「生命科学による機械論から生命論へ」　『新社会人の基礎知識１０１』新書館、二〇〇〇年四月

「遺伝子工学とバイオテクノロジー」　同右

「ヒトゲノム解析の意味――遺伝子が示す「差別」の錯誤」　『読売新聞』二〇〇〇年五月一五日

「「ヒトクローン」――生命科学の本質を見誤ってはいけない」　『朝日新聞』二〇〇二年九月

「軽んじられた「生命」考」　『読売新聞』二〇〇二年一一月二五日「私の視点」欄

Ⅱ　生命誌の扉をひらく

『生命誌の扉をひらく――科学に拠って科学を超える』　哲学書房、一九九〇年一二月

あとがき

江上不二夫先生が「生命科学」を提案され、実際に研究所を始められたのが一九七〇年、つまり五〇年前でした。本文中で紹介した生命科学の新しさに惹かれて仕事をしながら、一〇年ほどするうちにどこか物足りなさを感じはじめ、それから一〇年ほど悩んだ末に考えたのが、「生命誌」です。生命誌研究館の創設は一九九三年。一〇年区切りで「生命科学から生命誌」へと移り、ただ考えるだけでなく、実践の場を創設するまでをまとめたのが、この巻です。

最初に書いたのが第二部の「生命誌の扉をひらく」です。今では、生物多様性もゲノムも、生命科学者のだれもがあたりまえのように語る言葉になりましたが、当時は、「遺伝子でなくゲノムが大事」とか「普遍も大事だけれど多様も見なければ」などと言っても、なかなかわかってもらえなかったことを思い出します。つたない思いや言葉の中に新しいものをつくりたいという気持を読みとっていただけたら幸いです。

第一部はその後の動きのいくつかです。「はじめに」に書きましたように、近年の生きもの研究は急速に進んでおり、同じテーマでも今書いたら少し違うものになっているかと思いましたが、当時悩みながら新しい方向を探っていた記録として読んでいただきたいと考えてそのままにしました。

少し年下ですが、とても尊敬している鷲谷いづみさんが、お忙しいなか解説を書いて下さり心から感謝しています。鷲谷さんはサクラソウの生態研究から野生群落の保護の大切さを訴え、さらには「保全生態学」という新しい分野の確立に尽くされています。若い研究者を上手に巻き込んで進めている「さとやま」に注目した自然の研究は、生命誌の考えと重なります。解説にある、細胞に始まり生態系に続く生きものの世界にある「知恵」に注目する考え方は、まさに「生命誌」です。このような形で同じような考えをもつ研究者がすばらしい研究をして下さることで、生命誌は着実に根を張りつつあると感じます。

もっとも、「機械論から生命論へ」「文化としての科学」など本質的なところは、なかなか動きません。多くの方が考えに共感して下さってありがたいのですが、社会を動かす大きな力をもつところは、少しも変わってくれません。無力感にさいなまれながらも、コツコツやるのが生命誌だとも思っています。

生命誌はひらかれており、「生きている」ということに関わる活動のすべてと結びつくと思っています。お読み下さって御自身のお仕事や暮しが生命誌とつながっていると感じていただけることを願っています。そのようにお思いになったら、是非お教え下さい。そして、生命誌のお仲間になって下さい。

二〇一九年五月

この夏も猛暑かしらと気にしながら

中村桂子

解説——生きものの知恵に学ぶ

鷲谷いづみ

中村桂子先生がこれまで生命誌について発表されてきたエッセイの貴重なコレクションのうち、『ひらく——生命科学から生命誌へ』とのタイトルをもつ巻に一文を寄稿させていただくこと、たいへん光栄に存じます。「解説」に値する文章を記せるかどうか、あまり自信はありませんが、博士の学位取得まで細胞学分野に身を置き、その後、生態学に転じて、多様な生物がつくるシステム、生態系への理解を深め「自然との共生」という社会的目標に寄与することを願い研究を続けてきた者として、思いつくままに筆を走らせてみます。

中村先生は、科学者としても思想家としても重要な役割を果たされた江上不二夫先生のもとで生化学を学び、黎明期の「生命科学」の現場で研究にたずさわり、その後長年にわたり、生命科学の傍らで、冷静に、客観的に、その発展を見つめてこられました。『ひらく』に掲載されているエッセイは、生命科学発展の歴史や社会とのかかわりにおけるさまざまな問題を目の当たりにし、中村先生ご自身が何を感じ、何を考え、行動されたのかを明快に語りかけてくれます。日本における生命科学史・科学論として読むことができるこれらのエッセイには、生命科学の研究にたずさわっていらっしゃる若い方たちに、ぜひ目を通していただければと願います。いずれの科学領域においても、現在の研究活動の意義を理解し、のぞましい将来の発展方向を見いだすには、これまでたどってきた道筋について深く理解することが必要だからです。

中村先生は、「生命誌」という独自の領域の提案は、当時の生命科学に「もの足りなさ」を覚えたからであると記されており、「もの足りない」理由の一つとして、「〝生きものらしさ〟と感じられることを解決できていないこと」をあげていらっしゃいます。この言葉に触発され、「生きものらしさ」とは何かという問いを入り口にして、この小文を記させていただこうと思います。

生物の科学にかかわる様々な研究を広く含む生物学では、あらゆる生物に共通し、無生物との区別に役立つ主要な特徴として、よく、次のものがあげられます。なお、生物学は、分子や細胞など生物的階層のミクロな部分で生命を探究する生命科学のほか、個体、個体群、生態系などマクロなレベルで生物にかかわる現象の解明をめざす生態学や進化学を含みます。

①細胞で構成されている：細胞はあらゆる生物体の構成単位であり、タンパク質を埋めこん

だ脂質二重膜で外界と隔てられ、物質・エネルギー代謝など基本的機能を発揮する単位でもある。

②自己複製能をもつ：細胞と遺伝子・ゲノムを自ら複製する能力をもっている。それにより親と似た子が生まれる。

③環境に応答して、行動したり順化し、適応進化する。

生命科学は、①と②をめぐって、重要な原理やしくみの解明におおいに貢献してきました。分子や細胞などミクロなレベルでの生命の理解は、現在、共通性のみならず、多様性を理解するうえでも重要な原理等の解明へと歩みを進めはじめています。生物にみられる多様性と変異性を理解するために、生命科学がこれまでに築いてきた知の総体は膨大なものですが、それは、生命のあらゆる面を探究したいとのぞむ研究者の研究活動により生みだされました。

たとえば、細胞内での「廃棄物処理」ともいえる、役目を終えた細胞内の器官や分子の分解機構や「リサイクル」のしくみに関する研究です。大隅良典博士が「オートファジーのしくみ」の解明でノーベル賞を受賞したことにより、日本の研究者がこの分野をリードしてきたことが広く認識されることになりました。分解・リサイクルの対象が細胞内の器官なのか、分子なのか、どのような分子なのかにより、そのしくみは多様ですが、そこでは生体膜と分子の相互作用が重要な役割を果たすという共通原理を認めることもできます。そのような理解が進んだのは、生命科学の基礎研究として、謎を解き明かすことを願う研究者が長年にわたって地道な努力を続けてきたことによります。

観察や分析のための技術の進歩は、科学の進歩にはずみをつけます。昨今のDNA分析技術の飛躍的な発展と低コスト化は、多様な生物種のゲノム情報の分析とデータ蓄積を通じて、生命科学のフロンティアを大きく広げつつあります。

ミクロな物質の観察のための顕微技術に関しては、クライオ電子顕微鏡の登場により、機能を発揮しつつあるタンパク質分子までを視覚的にとらえることができるようになりました。

生命科学で長年にわたって分析対象となってきたDNA、RNA、タンパク質の網羅的な分析技術はもとより、細胞の活動によって生じる多様な代謝産物を網羅的に分析する技術の進歩により、それらの細胞内での特異的な働きが明らかになりつつあります。研究技術とツールのめざましい発展と低コスト化は、DNA、RNA、タンパク質、それ以外の調節物質が複雑な相互作用の網の目を構成して生命活動の多様な面を支えている実態を暴きだしつつあります。現在、システムとしての細胞、生命の物質面からの解明が大きく進み、発生、老化、がん、それに関連した免疫系などの研究が飛躍的に進展する生命科学の新たな発展期を迎えています。

③は、個体より上位の生物的な階層において、主にマクロ生物学が関心を向けてきた特性です。しかし、環境との相互作用が支配する現象は、ミクロなレベル、すなわち分子・遺伝子・細胞な

どの生物学的階層においても重要であることが認識され、生命科学でも環境との相互作用という概念がすでに市民権を獲得しているように思われます。たとえば、家畜やヒトの体内の重要な生物環境要因である消化管の微生物群集が産生するさまざまな代謝産物が、脳をはじめとする宿主のさまざまな器官・機能に与える影響に関する研究が、生命科学の基礎研究としても、応用研究としても発展するきざしがみえています。

さて、生物の③の側面、複雑な現象における主要なプロセスを暴きだすには、数理モデルが重要な役割を果たします。また、状況や環境に依存して変動の大きい現象やそれにかかわる法則性を把握するには、すでに論文で発表されている膨大な量のデータを集めて統合的に再分析する「メタ分析」が重要な役割を果たします。これら、統合的な手法は、マクロな生物現象を扱う生態学では、これまでよく使われてきた手法ですが、計算技術、情報技術の急速な発展に支えられて、ゲノム情報のデータベース等が充実している生命科学分野でも、モデル化やデータ科学化も飛躍的に進展しています。そのような研究からも新しい情報が大量に生みだされるでしょう。実験や測定から直接導かれる結果を超えたデータ統合やモデルの生み出した知識を社会にどのように伝えるかをめぐっても、生命科学と社会とをつなぐ生命誌の役割はますます大きくなっていくでしょう。

実は①②③のいずれもが、地球上のあらゆる生物が、四〇億年ほど前に生じた微少なあわ粒のようなごく単純な単細胞生物の子孫であることから生じた特徴です。そのような全生物に共通する祖先細胞は、いろいろな生物の遺伝子を比較し、その系譜をたどることで推定されました。その歴史性を、生命のもっとも重要な特性④としてあげることもできるでしょう。

さて、私たちヒトは、このような特性を五感で確かめることができなくとも、生きものとそれ以外を直感で区別することができます。生得的ともいえるその認識力は、多様な生きものと関係しあいながら暮らしてきたことにより適応進化した能力であるといえそうです。遭遇に際して一瞬で迷うことなく生物を識別することは、雑食性の動物として餌を確保したり、捕食者などの危険生物から逃れるために重要だからです。

私たちヒトの「生きもの認知能力」は、まさに生物としての③の所以です。ヒトは、脳における統合的な機能の所産である、生きものとその多様性を認識する能力により、多様性に満ちた生きものあふれる世界で、生き残り、子孫を残してきました。ヒトの大半が都市あるいは人工的な環境に住み、子どもたちは多様な野生の生物と触れあうことなく育つ現代、その感覚が鈍りはじめていることが懸念されます。それなしには、「自然との共生」、すなわち、生物多様性の保全と持続可能な利用という社会的目標は実現が難しいと思われます。

さて、③にかかわる現象の解明と理解は、主に生態学などマクロな生物学が担ってきたことをすでに述べました。生物とそれを取り巻く環境の両方に目を向け、多様な生き物が、それぞれが生きる環境によく合ったさまざまな性質をもっていることを認識することは、その解明の第一歩です。そのための知の営みとしては、自然誌（ナチュラルヒストリー）が重要な役割を果たしてきました。自然誌は、広く深い観察を通じて、生態学や進化学に新たな風を吹き込む知の営みです。

ある生きものにとって同じ種（種類）・異種を問わず、ほかの生きものは、その生きものにとっての環境の重要な要素です。生物と生物の関係はダイナミックな特性ゆえに無限に多様性を生みだす原理でもあります。たとえば、食べる・食べられるの関係において、食べられる側が有効な防御機構を進化させたとすれば、食べる側は主要な餌を他の生物に代えるか、防御機構を打ち破るための武器を進化させることなしには生き残れません。さらに、防御機構を打ち破られた生物が絶滅しないですむには、新たな防御のしくみを進化させることが必要です。互いに影響を与えながらの進化の連鎖は、どちらかが絶滅するまで続き、多様性を産み続けます。

ごく単純な単細胞生物である共通祖先から、長い年月を経て、現在私たちが認識できる多様な生きものがこの地球上に暮らすようになったことは、偶然の作用に加えて、生物が他の生物との関係を含め、そのときどきの環境が課すさまざまな課題に対して適応進化したと考えると理解できます。それは「知恵」にたとえることができるでしょう。生きものを観察すれば、さまざまな課題解決のための知恵に満ちていることに気づきます。生命の長い歴史において、環境が課すさまざまな課題を適応進化でうまく解決した生物だけが、絶滅を免れ、今日にその系譜をつなぐことができたからです。

適応進化の所産である多様な生きものの知恵を学んで生かすことは、生物学と自然誌が、技術開発を通じて社会につながる道筋の一つです。そのような技術は生物模倣技術(バイオミミクリー)とよばれ、最近ではナノメーター規模の微細な構造の機能を模倣する技術開発も盛んです。たとえば、クマゼミの羽の表面にはごく微細な突起が密生しており、光を複雑に反射するだけでなく、汚れがつきにくく、濡れにくく、さらに抗菌作用ももっています。最近、その抗菌作用は、微細な突起が大腸菌などの細菌の細胞膜を壊してしまうことによることがわかりました。微細な突起が密生する表面構造を模倣し、抗菌作用をもつ材料の開発がめざされています。抗生物質のような化学的な手段をつかわずに抗菌が可能になれば、化学剤の多用によって耐性菌が進化してしまうという深刻な問題を回避できます。抵抗性細菌が次々に進化し、多剤抵抗性の進化が医療現場に難しい問題を生じている現在、「化学的な軍拡競走」から抜け出す技術は重要な社会的意義をもっています。

この巻のいくつかのエッセイからは、生命誌は、生命科学と社会の相互関係に目を向け、それをよりよい調和のとれたものにしていくことをミッションの一つにしていることを読みとることができます。ヒトの社会に特有の文化の一形態である科学と社会との関係は、この一文ではわずかにしか触れられませんでしたが、多様で複雑です。科学を産業に利用できる技術ととらえるのは、そのごく限られた一面にのみ目を向けることです。

生物模倣技術にみられるように、生物の多様性を重んじる自然誌や基礎科学の知見が革新的な技術を生み、私たちの暮しを安全で豊かなものにしてくれる可能性があります。生命誌が、生命科学と社会の、ますます多様化、複雑化する相互作用の実態をつぶさに見守りながら、それぞれの時代にふさわしい両者の望ましい関係性を提案し続けることを願っています。

わしたに・いづみ　一九五〇年生。東京大学教授を経て、中央大学理工学部教授。専門は生態学、保全生態学。著書に『さとやま——生物多様性と生態系模様』（岩波ジュニア新書）『〈生物多様性〉入門』（岩波書店）『絵でわかる生態系のしくみ』『絵でわかる生物多様性』（講談社）他。

著者紹介

中村桂子（なかむら・けいこ）

1936年東京生まれ。JT生命誌研究館館長。理学博士。東京大学大学院生物化学科修了、江上不二夫（生化学）、渡辺格（分子生物学）らに学ぶ。国立予防衛生研究所をへて、1971年三菱化成生命科学研究所に入り（のち人間・自然研究部長）、日本における「生命科学」創出に関わる。しだいに、生物を分子の機械ととらえ、その構造と機能の解明に終始することになった生命科学に疑問をもち、ゲノムを基本に生きものの歴史と関係を読み解く新しい知「生命誌」を創出。その構想を1993年、JT生命誌研究館として実現、副館長に就任（～2002年3月）。早稲田大学人間科学部教授、大阪大学連携大学院教授などを歴任。
著書に『生命誌の扉をひらく』（哲学書房）『「生きている」を考える』（NTT出版）『ゲノムが語る生命』（集英社）『「生きもの」感覚で生きる』『生命誌とは何か』（講談社）『生命科学者ノート』『科学技術時代の子どもたち』（岩波書店）『自己創出する生命』（ちくま学芸文庫）『絵巻とマンダラで解く生命誌』『小さき生きものたちの国で』『生命の灯となる49冊の本』（青土社）『いのち愛づる生命誌』（藤原書店）他多数。

ひらく　生命科学《せいめいかがく》から生命誌《せいめいし》へ
中村桂子《なかむらけいこ》コレクション　いのち愛《め》づる生命誌《せいめいし》 1（全8巻）〈第2回配本〉

2019年 7月10日　初版第1刷発行©

著　者　中　村　桂　子
発行者　藤　原　良　雄
発行所　株式会社　藤　原　書　店

〒162-0041　東京都新宿区早稲田鶴巻町 523
電　話　03（5272）0301
FAX　03（5272）0450
振　替　00160 - 4 - 17013
info@fujiwara-shoten.co.jp

印刷・製本　中央精版印刷

落丁本・乱丁本はお取替えいたします
定価はカバーに表示してあります
Printed in Japan
ISBN978-4-86578-226-4

中村桂子コレクション
いのち愛づる生命誌

全8巻　**内容見本呈**

推薦＝加古里子／髙村薫／舘野泉／松居直／養老孟司

2019年1月発刊　各予2200円～
四六変上製カバー装　各280～380頁程度
各巻に**書下ろし「著者まえがき」、解説、口絵、月報**を収録

Ⅰ　ひらく　**生命科学から生命誌へ**　**解説＝鷲谷いづみ**
月報＝末盛千枝子／藤森照信／毛利衛／梶田真章
288頁　ISBN978-4-86578-226-4　［第2回配本／2019年6月］2600円

Ⅱ　つなぐ　**生命誌とは何か**　**解説＝村上陽一郎**

Ⅲ　ことなる　**生命誌からみた人間社会**　**解説＝鷲田清一**

Ⅳ　はぐくむ　**生命誌と子どもたち**　**解説＝髙村 薫**
［次回配本］

Ⅴ　あそぶ　**12歳の生命誌**　**解説＝養老孟司**
月報＝西垣通／赤坂憲雄／川田順造／大石芳野
296頁　ISBN978-4-86578-197-7　［第1回配本／2019年1月］2200円

Ⅵ　いきる　**17歳の生命誌**　**解説＝伊東豊雄**

Ⅶ　ゆるす　**宮沢賢治で生命誌を読む**　**解説＝田中優子**

Ⅷ　かなでる　**生命誌研究館とは**　**解説＝永田和宏**
［附］年譜、著作一覧

"生命知"の探究者の全貌

いのち愛づる生命誌《バイオヒストリー》

（38億年から学ぶ新しい知の探究）

中村桂子

DNA研究が進展した七〇年代、人間を含む生命を総合的に問う「生命科学」出発に関わった中村桂子は、DNAの総体「ゲノム」から、歴史の中で生きものを捉える「生命誌」を創出。「科学」を美しく表現する思想を「生命誌研究館」として実現。

四六並製　三〇四頁　**カラー口絵八頁　二六〇〇円**
（二〇一七年九月刊）
◇978-4-86578-141-0

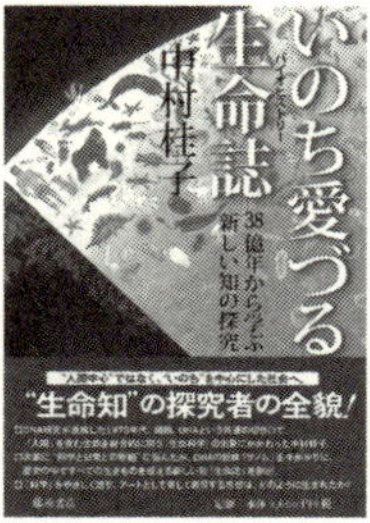

38億年の生命の歴史がミュージカルに

いのち愛《め》づる姫

（ものみな一つの細胞から）

中村桂子・山崎陽子作
堀文子画

全ての生き物をゲノムから読み解く「生命誌」を提唱した生物学者、中村桂子。ピアノ一台で夢の舞台を演出する〝朗読ミュージカル〟を創りあげた童話作家、山崎陽子。いのちの気配を写し続けてきた画家、堀文子。各分野で第一線の三人が描きだす、いのちのハーモニー。

B5変上製　八〇頁　**カラー六四頁　一八〇〇円**
（二〇〇七年四月刊）
◇978-4-89434-565-2

「生物物理」第一人者のエッセンス！

「生きものらしさ」をもとめて

大沢文夫

「段階はあっても、断絶はない」。単細胞生物ゾウリムシにも〝自発性〟はある。では〝心〟はどうか？　ゾウリムシを観察すると、外からの刺激によらず方向転換したり、〝仲間〟が多いか少ないかで行動は変わる。機械とは違う、「生きている」という「状態」とは何か？　「生きものらしさ」の出発点〝自発性〟への問いから、「生きもの」の本質にやわらかく迫る。

四六変上製　一九二頁　**一八〇〇円**
（二〇一七年四月刊）
◇978-4-86578-117-5

少年少女への渾身のメッセージ！

人類最後の日

（生き延びるために、自然の再生を）

宮脇　昭

未来を生きる人へ――「死んだ材料を使った技術は、五年で古くなりますが、いのちは四十億年続いているのです。私たちが今、未来に残すことのできるものは、目先の、大切ないのちに対しては紙切れにすぎない、札束や株券だけではないはずです。」（本文より）

四六上製　二七二頁　**カラー口絵四頁　二二〇〇円**
（二〇一五年二月刊）
◇978-4-86578-007-9

「ふるさとの森を、ふるさとの木で」を国民運動に

東京に「いのちの森」を！

宮脇 昭

人の集中に伴い、自然環境は必ずダメージを受ける。東京はかろうじて緑が残る都市だが、どんどん減少している。二、三本の木からでも森はできる。千年先に残る本物の緑の都市づくりのため、〝いのちの森〟づくりに生涯を賭ける、世界を代表する植物生態学者が、渾身の提言。〈対談〉川勝平太／ワンガリ・マータイ　カラー口絵四頁

四六変上製　二一六頁　**一六〇〇円**
（二〇一八年九月刊）
◇978-4-86578-193-9

〝人間は森の寄生虫〟

見えないものを見る力
「潜在自然植生」の思想と実践

宮脇 昭

〝いのちの森づくり〟に生涯を賭ける宮脇昭のエッセンス。「自然が発する微かな情報を、目で見、手でふれ、なめてさわって調べれば、必ずわかるようになる。」「災害に強いのは、土地本来の本物の木です。本物とは、管理しなくても長持ちするものです。」（本文より）

カラー口絵八頁

四六上製　二九六頁　**二六〇〇円**
（二〇一五年二月刊）
◇978-4-86578-006-2

最新かつ最高の南方熊楠論

南方熊楠・萃点の思想
（未来のパラダイム転換に向けて）

鶴見和子
編集協力＝松居竜五

「内発性」と「脱中心性」との両立を追究する著者が、「南方曼陀羅」と自らの「内発的発展論」とを格闘させるために、熊楠思想の深奥から汲み出したエッセンスを凝縮。気鋭の研究者・松居竜五との対談を収録。

Ａ５上製　一九二頁　**二八〇〇円**
（二〇〇一年五月刊）
在庫僅少◇978-4-89434-231-6

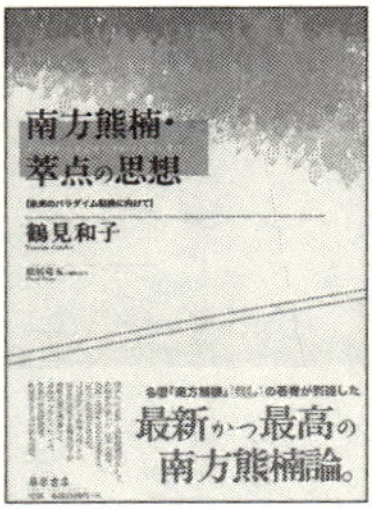

鶴見和子が切り拓いた熊楠研究の到達点

南方熊楠の謎
（鶴見和子との対話）

松居竜五編
鶴見和子・雲藤等・千田智子・田村義也・松居竜五

熊楠研究の先駆者・鶴見和子と、最新資料を踏まえた研究者たちががっぷり四つに組み、多くの謎を残す熊楠の全体像とその思想の射程を徹底討論、熊楠から鶴見へ、そしてその後の世代へと、幸福な知的継承の現場が活き活きと記録された鶴見最晩年の座談会を初公刊。

四六上製　二八八頁　**二八〇〇円**
（二〇一五年六月刊）
◇978-4-86578-031-4